七七 编著

职场“蘑菇族”的华丽转身

中国社会出版社
国家一级出版社★全国百佳图书出版单位

图书在版编目（CIP）数据

职场"蘑菇族"的华丽转身 / 七七编著 . —北京：
中国社会出版社，2013. 11
ISBN 978 - 7 - 5087 - 4552 - 7

Ⅰ. ①职…　Ⅱ. ①七…　Ⅲ. ①成功心理—通俗读物
Ⅳ. ①B848. 4 - 49

中国版本图书馆 CIP 数据核字（2013）第 227127 号

书　　名： 职场"蘑菇族"的华丽转身
编　　著： 七　七
责任编辑： 魏光洁
助理编辑： 赵津莹

出版发行： 中国社会出版社　**邮政编码：** 100032
通联方法： 北京市西城区二龙路甲 33 号新龙大厦
电　话：编辑部：（010）66026807　（010）66061723
邮购部：（010）66081078
销售部：（010）66080300　（010）66085300
（010）66083600
传　真：（010）66051713　（010）66080880
网　　址： www. shcbs. com. cn
经　　销： 各地新华书店

印刷装订： 中国电影出版社印刷厂
开　　本： 170mm × 240mm　1/16
印　　张： 13. 25
字　　数： 180 千字
版　　次： 2013 年 11 月第 1 版
印　　次： 2013 年 11 月第 1 次印刷
定　　价： 28. 00 元

序 Preface

蘑菇族，是指职场初出茅庐的毕业生。在如今的职场攻略中，蘑菇族鲜被提及，但它并不是一个新概念，它起源于20世纪70年代一批电脑程序员总结出的“蘑菇定律”。

“蘑菇定律”的原意是：长期生长在阴暗角落里的蘑菇，因为没有阳光和肥料的滋养，长期面临着自生自灭的状况，只有长到足够高、足够壮的时候，才被人们关注。“蘑菇定律”的引申义是：刚从学校毕业的“天之骄子”，常常会被置于阴暗的角落，不受重视或打杂跑腿，就像蘑菇培育一样还要被浇上大粪，接受各种无端的批评、指责，代人受过，得不到必要的指导和提携。后来，心理学家将“蘑菇定律”归入心理学范畴，总结为任何人在成长过程中，都注定会经历不同的苦难、挫折，被苦难、挫折击倒的人，得到的只能是平庸的生活；而战胜苦难、挫折的人，则能突出重围，获得成功。

“蘑菇定律”被提出的时候，正处在电脑行业的开端，所以，从事电脑程序研发的人员并不被人们所理解和重视，甚至被其他行业的人质疑他们工作的认真度。于是，这些年轻的电脑程序员这样激励自己：要像蘑菇一样生活。言外之意，即是对自己的工作充满信心，相信自己终有一天会像大蘑菇一样，出人头地，拥有鲜花和掌声。这其实是任何一个行走在人生这条大路上的人都必须具备的心态。

事实上，每一个初入职场的毕业生都会不可避免地遭遇“蘑菇”阶段。“蘑菇”经历对于年轻人来说，是成长必经的一步。如何快速高效地走出职业生涯中最初的那段蘑菇期，为日后积累工作经验和人生阅历，是每个蘑菇职员都必须面对的问题。成功和梦想不是圣诞树，不会在一夜之间华灯璀璨、堆满礼物。通向成功顶峰的是一条漫长而艰辛的路，在人生的起跑线上，我们必须放下所有的自卑、自负和骄傲，心态归零，以足够的坚毅和忍耐，度过蘑菇期。从某种程度上说，进入企业仅仅是第一步，快速度过蘑菇期才是真正胜任工作的关键。

然而，蘑菇族初涉职场，这些颇具才华的年轻人在面对令人窒息的工作环境时往往很难适应、立足。可人人都离不开职场，人人都需要工作，需要生存、发展，需要壮大自己，需要实现人生价值，因此，蘑菇族必须适应职场、立足职场。那么，蘑菇族如何才能适应职场、立足职场？如何才能百炼成钢？如何才能摘下“蘑菇族”的帽子？如何才能撕下“蘑菇族”的标签呢？本书以“激励读者”为己任，给大家提供了最佳答案！

本书向广大读者朋友详细地诠释了蘑菇族的概念和内涵；告诉读者如何成功转变角色，立足职场起点；初入职场，怎样更好地融入团队；如何调整心态，做好蘑菇职员；如何做到自强、自信，抓住成长的法宝；如何重视小事、做好小事，快速成长起来；如何通过学习达到自我增值、发展、壮大的目的；如何打造有范儿的个人形象；如何提高自己，成功转向“向日葵”。可以说，本书是国内第一本关于蘑菇族的职场攻略。

本书道理深刻，理论明确；内容丰富，生动有趣；结构清晰，条理分明；语言流畅，可读性、文学性强。当然，本书在编写过程中，或许会出现小小的瑕疵，望广大读者朋友能够谅解，并批评指正。

目录 Contents

第1章

成功转变角色，立足职场起点

第2章

初入职场，先入团队

第3章

调整心态，做做“蘑菇”又何妨

第4章

自强、自信——“蘑菇”成长的法宝

第5章

成长之行，始于小事

第6章

想有高价值，要先自我增值

第7章

内修心、外修形，不可忽视言谈举止

第8章

提高自己，成功转向“向日葵”

第 1 章

成功转变角色，立足职场起点

给自己一个准确的定位

人在职场，不能准确给自己定位，就会被别人定位。尤其是刚走入社会担当蘑菇职员的毕业生，给自己一个准确的定位是走出蘑菇定律的重要一步。

作为一个不被人重视的蘑菇族，你能给自己一个准确的定位吗？清楚地认识自己，给自己一个准确的定位是每个蘑菇职员成功转变角色，立足职场起点的基本条件。

那么，什么是定位呢？定位有两层含义：一是确定自己是谁，适合做什么工作；二是告诉别人你是谁，你能够帮助单位做什么。如果你还不明白定位的含义，那么，看看商品定位你就会明白了。同样是宝洁公司出品的洗发香波，海飞丝定位于“去头屑”，飘柔的定位是“柔顺头发”，而潘婷则定位于“营养头发”。不同的定位主要来自商家对于市场需求的理解，同时来自商品的内在品质。给自己定位也是如此。

现代成功学常把目标列为迈向成功的第一步，然后依次是计划、行动、总结等，其实，在这之中少了一样最基本的东西，那就是定位。目标一定要建立在正确定位的基础上，定位错误，你可能一辈子都与成功无缘，因为定位是获得成功的前提条件。

一个意大利少年从音乐学院毕业后，问父亲，自己既想当音乐老师，又想成为一名歌唱家，自己该怎么办。父亲告诉他：“孩子，如果你想同时坐在两把椅子上，是绝对不可能的事，你肯定会从这两把椅子上摔下来。记住，别想贪心地同时坐在两把椅子上，生活中你只能选定一把椅子坐。”受到父亲启发的少年最后选择了当歌唱家，经过长达七年的艰苦努力，他终于有了第一次登台演出的机会，又奋斗七年之后，他终于进入了大都会歌剧院。

这个少年就是著名的男高音歌唱家帕瓦罗蒂。

后来，已经成为世界著名歌唱家的帕瓦罗蒂，在回答人们关于成功秘诀的问题时说：“方法很简单，不管我们的选择是什么，关键只有一个，那就是选定一把椅子就好。”

身处职场也是如此，不能给自己一个准确的定位，你在职场上就没有自己的位置。我们应该像帕瓦罗蒂一样，选好属于自己的那把“椅子”，正确地给自己定位，并在此基础上设立适合自己的发展目标，只有这样，我们才能一步步地成长。

对于刚刚步入职场的蘑菇族来说，无论你多么有能力，有多大的雄心壮志，由于你没有丰富的工作经验，仅仅是简历上的那些信息，不足以说服公司把你放到重要位置上。此时，就需要你给自己一个准确的定位，认识到自己在经验上的欠缺，把姿态放低。因为你的能力还没有从实践中得到表现，你只能从最基本的工作开始，不断发挥自己的才能，一旦你的能力得到充分凸显，老板就不会把你放在较低的位置上浪费人才了。

因此，定位非常重要！只有明确了职业定位，你才能在职业发展的过程中少走弯路，你才能根据自己的目标，抓住发展中的每一个机会，接受职场选择，不断提高竞争力，从而在职场中如鱼得水，使自身的价值逐步得以体现。

那么，蘑菇族怎样才能给自己一个准确的定位呢？你不妨参考以下几点建议：

第一，以专业知识为基础，给自己定位。蘑菇族刚参加工作，还不了解社会，不了解各种职业，受各种因素的影响，往往很难给自己准确的定位。不过，无论你如何给自己定位，首先要考虑的都是自己的专业知识，这也是最基本的要求。在这个基础上，你才能考虑工作性质，全面了解工作的需求，才能对期望的工作有个正确的认识。

第二，以企业为坐标，给自己定位。企业是我们发展的舞台，我们的发展目标应以企业为坐标来确定。只有把自己的目标与企业的命运联系在一起，你才能取得更大的进步。如果离开了企业这个坐标为自己确定发展目标，那就是错位，会给自己的职业生涯带来莫大的损失，就像在没水的地点打井，永远也挖不出水一样，你的人生事业也就成了无源之水。

第三，以选择为跳板，给自己定位。什么样的单位最好，在不同人的眼里也有不同的标准。有人认为，单位大、薪水高就是好去处，其实也未必，成才环境和发展潜力等也需要综合考量。有的单位看起来很小，但因为善于起用新人，反而能以小克大，在这样的单位，新员工能够获得快速成长，也最容易脱颖而出。因此，如果你不想在阴暗的角落里被埋没太久，那么最好选择有利于培养新人、有利于新人快速成长的工作单位。

第四，以是否适合自己为准则，给自己定位。对于蘑菇族而言，最好的位置不一定是最高的，而是最合适自己的。适合自己的就是最好的，鞋子夹脚不夹脚只有脚知道，别人的判断是没有用的。因此，给自己定位时，你必须懂得应该从事一份适合自己的工作。

总之，公司像是一个大机器，每个零件的作用都不一样，你对整个机器的作用是什么，应处于什么位置，你自己应该最清楚。只有清楚自己在公司中处于什么位置，在这个位置上应该做些什么，你才能把自己该做的事做好，圆满地完成老板交代的工作，为自己赢得机遇。

为自己的职业做好规划

一个职场新人，如果没有明确的职业规划，就会像无头苍蝇一样乱撞，结果不但浪费了时间，还把自己搞得晕头转向，甚至头破血流。因此，刚参加工作，我们就要为自己做好职业规划。这样，我们才能在职场中顺利前行，很快抵达事业成功的彼岸。

不知你是否发现，每年都有大批的高校毕业生稀里糊涂地步入职场，漫无目的地做事，一段时间下来，他们几乎没有什么收获，甚至连试用期都过不了。为什么？因为他们从一开始就没有给自己的职业做好规划。合理的职业规划决定着一个人的发展前途。因此，制订合理的职业规划，是我们每个职场蘑菇族都必须慎重考虑的问题之一。

职业规划，又称职业生涯规划，是指个人发展与组织发展相结合，在对个人和内外环境因素进行分析的基础上，确定一个人的事业发展目标，并选择实现这一事业目标的职业或岗位，编制相应的工作、教育和培训行动计划，对每一步骤的时间、项目和措施作出合理的安排。它是对职业生涯乃至人生进行持续的系统的计划的过程，它包括职业定位、目标设定、通道设计三部分内容。通常所说的职业生涯设计实际上就是对职业通道的设计。

为自己的职业做好规划是走好职场人生之路的前提。如果不做职业规划，初涉职场就到处乱撞，东撞一头，西撞一头，那么，等你到了而立之年，你也难立大业。当你回头看时，你会发现，自己职业生涯的轨迹乱七八糟，走的是一条曲线。有的人甚至走了一个圆圈，绕来绕去又回到了20岁时的起点，再想向前却举步维艰。

没有职业规划究竟会怎样呢？下面我们来看看林芸的职场经历。

林芸毕业于某大学中文系，她经常挂在嘴边的一句话是：要用青春赌明天。可是，毕业那天，终于要规划自己的人生，给自己的职业生涯描绘蓝图时，她却茫然不知所措了。于是，在可能的范围内，在一家公司认可的情况下，她匆匆地选择了一份营销职业。其实，这份职业并不是她的专业方向，但是，“那又怎样？专业只是知识而已，我可以迅速学习新的知识。”抱着“人的潜力无限，天道酬勤，只要我努力，我一定会做得很好”的想法，林芸开始了自己的职场生涯。但现实并非像她想象得那么简单，经历大半年“仿佛工作时就处于缺氧的状态”后，她感觉到自己确实需要再调整方向了。自然，又一次以“别人”还认可的标准进行了职业转换——跳槽。如此反复，终于有一天，当她发现真正属于自己的职业方向时，“青春”已无几可赌，她只好千方百计地安慰自己：其实人生就是痛苦的。

林芸的经历可以说是现代很多蘑菇族刚步入职场时的生动写照。相信现在许多蘑菇族都在经历着上面的循环。我们可以大胆设想，等待他们的是什么？是被职场淘汰，被别人远远地甩在后面。怪谁呢？谁让他们一开始就没有给自己的职业生涯做好规划呢？

现代职场竞争相当激烈，如果没有做好职业规划，你便犹如没有舵的孤舟在大海中漂泊，无论怎样奋力航行、疾风破浪，也终究无法抵达彼岸。没有职业规划，也就没有具体的行动计划；没有行动计划，做事就会敷衍了事、临时凑合，也就没有责任感，更谈不上什么意志坚强、斗志昂扬了；没有职业规划，什么才能和努力都是白费。因此，要想成为前途光明的成功人士，你必须在初涉职场时就做好自己的职业规划。

那么，蘑菇族如何为自己的职业做好规划呢？这需要你做到以下几点：

第一，了解你自己。在做职业规划之前，你必须对自身的条件有个充分的认识。你对自我了解得越透彻，越能做好职业规划。第一，你要认识自己、审视自己，通过对自己以往经历及经验的分析，找出自己的专业特长、兴趣、缺陷，如此你才能把握好自己的职业发展方向，而这是职业生涯规划的第一步，也是关键的一步。

第二，清楚自己的目标。没有明确的切实可行的目标作为驱动力，人们是很容易对现实妥协的。因此，确立目标是做好职业规划的前提。目标的设定要以自己的最佳才能、最优性格、最大兴趣、最有利的环境等信息为依据，仔细考虑一下你希望在多少年之内达到什么目标，然后一步一步往回计算自己每一个阶段需要完成的任务。每一个阶段的任务都是自己的小目标，每实现一个小目标都意味着你在职业生涯的道路上迈出了坚实的一步。

第三，设计职业生涯规划时要符合四个主要特性，即可行性、适时性、适应性和持续性。其具体内容见表 1－1。

表 1－1　职业规划的主要特性

主要特性	具体内容
可行性	规划要有事实依据，并非是美好的幻想或不着边的梦想，否则将会延误生涯发展机遇
适时性	规划是预测未来的行动，确定将来的目标，因此，各项主要活动，何时实施、何时完成，都应有时间和顺序上的详细安排，以作为检查行动的依据
适应性	规划未来的职业生涯目标，牵涉到多种可变因素，因此，规划应有弹性，应留有余地，以增加自己在职场的适应性，灵活应对自己的职场生涯
持续性	人生每个发展阶段应能持续连贯衔接

第四，制订职业规划时要遵循一定的原则，这样才能保证你的职业规划切实可行。一般来说，设计职业规划时，我们要遵循以下一些基本原则（见表 1－2）。

表 1－2　制订职业规划需要遵循的基本原则

基本原则	具体内容
清晰性原则	要考虑目标、措施是否清晰、明确，实现目标的步骤是否直截了当
挑战性原则	要考虑目标或措施是否具有挑战性，还是仅保持其原来状况而已
动态性原则	即目标或措施是否具有弹性或缓冲性，是否能根据环境的变化而作出调整
一致性原则	要考虑主要目标与分目标是否一致，目标与措施是否一致，个人目标与组织目标是否一致
激励性原则	要考虑目标是否符合自己的性格、兴趣和特长，是否能对自己产生内在的激励作用
合作性原则	要考虑个人的目标与企业目标是否具有合作性与协调性
全程性原则	拟订职业生涯规划时必须考虑职业生涯发展的整个历程，要通盘考虑
量化性原则	职业生涯规划各阶段的路线划分与安排，必须具体可行
务实性原则	实现职业生涯目标的途径有很多，在进行职业生涯规划时必须考虑自己的特质、社会环境、组织环境以及其他相关的因素，选择切实可行的途径
可评量原则	职业生涯规划的设计应有明确的时间限制或标准，以便评估、检查，使自己随时掌握执行状况，并为职业生涯规划的修正提供参考依据

第一印象很重要

第一印象是社会心理学中有关人际知觉的经典内容。在人际交往中，第一印象往往导致并调节着人们进一步的交往和了解。第一印象具有较强的情绪性和经验性，而理智性却较差。如果你留给别人的第一印象很好，那么也有助于你在以后的工作中与他人相处。

作为职场新人的蘑菇族，你知道第一印象的重要性吗？你留给别人的第一印象如何？

在职场人际交往中，第一印象所具备的定式效应有很大的稳定性，一个人留给他人的第一印象就像深刻的烙印，很难改变。第一印象良好，即使以后有表现不够好的地方，别人也会对你宽容一些；第一印象糟糕，即使后来事情做得再漂亮，别人对你的评价也不会太高。不仅如此，我们以后可能花费很长时间都难以改变我们在别人心中的坏印象。

第一印象很可贵，良好的第一印象是打开交往大门的一把无形的钥匙，是“一张最权威的介绍信”。人与人之间的接触，先给予对方的印象是外表，不是内心。假如你给人的第一印象不好，又怎能获得别人的接近和友好情谊呢？如果你刚刚步入职场就给别人留下了不好的第一印象，那么，你很可能会在为人处世中处处碰壁，致使各项工作都难以展开。

薇薇刚刚大学毕业，在一家杂志社就职。由于初涉职场，不谙世事，第一天上班，她见了周围的同事，连声招呼都不打。眼看着对面走过来一名同事，她赶紧将头扭向一旁；有同事向她打招呼，她也装作没听见。她还带着学生时代的稚嫩思想，穿衣服依旧我行我素。偶尔，她不高兴的时候，还会来一句粗俗的话，以泄私愤。她好像看不惯任何人，每天一到单位就坐在办公桌前捣鼓一些什么东西，有时别人请她帮忙，她也一副爱答不理的、极不情愿的样子。她虽然长得很漂亮，但她那张从来没有笑容的冷冰冰的面孔，让大家都对她敬而远之。她的工作不是很努力，同事们都觉得她一进单位就这样敷衍了事，以后与她合作起来肯定很费劲儿。她获得一点儿成绩时，就更加我行我素、旁若无人……由于给别人的第一印象很不好，周围的同事没有愿意与她交往的。

有一次，上司交给薇薇一个不大不小的任务。完成这项任务说难也难，说容易也容易，对于有工作经验的同事而言，这项任务很容易完成，而对于没有工作经验的薇薇来说，简直太难了。为了有一个出色的表现，能够在极短时间内完成任务，薇薇就向周围的同事请教。可鉴于她给别人留下的不好的第一印象，没有一个人愿意帮她，大家都等着看她的笑话呢！

最终，薇薇未能完成上司布置的任务，没有通过试用期。

其实，在我们的职场中，很多蘑菇族都会像薇薇一样，不知不觉中就给人留下了不好的第一印象，这对好不容易得到的第一份工作影响很大。好不容易得到了第一份工作，谁都不想把它搞砸了，相信薇薇也一样。但薇薇却因为最初的一些行为，给人留下了不好的第一印象，得到了不少“负面”分数，而最终未能过“试用期”这一关。可想而知，即使薇薇通过自己的努力，过了试用期，能在单位长期留下来，那么她的职场生活也不会很乐观。

在现实职场中，第一印象往往是交往的基石。能给别人留下好的第一印象，你在未来的职场中就成功了一半。因此，如果你希望自己能够在职场中左右逢源、如鱼得水，那么，你就不得不给周围的人（包括上司、同事、客户等）留下一个完美的第一印象。

可以说，树立良好的第一印象是职场蘑菇族迅速转变角色的重要一关。好的第一印象能够展示一个人的素养、见识和一些宝贵的品质。对于初入职场的蘑菇族来说，我们应当竭力展现自己的沟通能力、表达能力、基本的礼仪、严谨认真的工作态度以及乐观向上的生活态度，切不可因“失小节”而拱手相让展示自我的大好平台。

那么，初涉职场的蘑菇族怎样才能给人留下好的第一印象呢？

第一，用微笑强化第一印象。影响第一印象的因素很多，但最重要的一个方面就是人的微笑。微笑是培养良好印象的催化剂，是使人心情愉悦的最佳方法，是最有益于人际交往的面部表情。在职场中，用微笑去迎接每一个人，你就会成为最受欢迎的人。

第二，着装一定要得体、大方。一位西方服装设计大师说：“服装不能造出完人，但是第一印象的 80% 来自于着装。”是啊！人靠衣装马靠鞋，要想一入职场就给别人留下一个好印象，你必须让自己的着装得体、大方。相信这样会让你在工作中游刃有余。

第三，遇到周围的人别忘记打招呼。初涉职场，遇到周围的人，千万别忘记打招呼。热情而有礼貌地打招呼在职场中有非常重要的作用。打招呼在人际关系建立之初，能发挥润滑剂的功效。在和上司、同事还不熟络的时候，一般都是从打招呼开始交往的。

第四，与人见面，彬彬有礼。在现代职场中，丰富多彩的职场礼仪是人际交往和业务来往中必不可少的重要内容。而见面是人际交往的第一步，蘑菇族正确而合乎规范的施礼，举止有度，谈吐优雅，一定能塑造自己良好的第一印象，为交际的成功打下基础。

第五，别吝惜你的赞美。赞美是一种有效而不可思议的力量，它就像沙漠中的甘泉一样沁人肺腑，往往会比金钱更能让人欣喜并乐于接受。在职场中，你恰当的赞美之声恰如人际关系的黏合剂，能够使你与他人的关系融洽和谐。

第六，友好地与周围的人相处。当你对人友好时，你就能给别人留下好的第一印象。同时，别人也会友好地与你相处，这样，你在单位的人际关系就会搞得很好。

第七，认真对待工作，努力付出。一名新员工如何对待自己的工作，往往关系到他留给别人的第一印象如何。你工作认真，愿意努力付出，别人就会觉得你有进取心，是可造之才，将来有了好机会，你才能抓得住；如果你对待工作不认真，刚开始入职就不努力，别人就会觉得你没有什么前途可言，就算有什么好的机会，别人也不会留给你。

做一个积极主动的新职员

积极主动的蘑菇族都能够自觉地工作，会通过自己独特的方式来完成工作。不用说，这样的新人肯定能享受到工作所带来的乐趣，而且终会得到公司的重用。

刚刚步入职场的蘑菇族，靠什么赢得上司的好感？靠什么得到重视？靠什么出色地完成工作？答案就是积极主动！这也是蘑菇族走好职场之路的关键。

积极主动是一种精神，一种意识，一种状态，一种激情，更是一种人生态度。积极主动的人能够直面人生，迎难而上，具有坚强的意志、乐观的精神；能时刻做出一种箭在弦上的准备，抱着对成功的强烈愿望，保持积极向上的心态，对待工作中的每一件事。

谁养成了积极主动的工作习惯，谁就掌握了个人进取的法宝。那些以无比的热情对待自己工作和事业的人，总能发掘出无穷的机会；相反，那些被动的人，只能永远等着别人给他安排任务，而且还会懒得去做，因此，他们也丢掉了许多大好机会。

某公司新招聘了一个叫小新的员工。小新是某名牌大学的应届毕业生，进单位快一个月了，每天就是在办公桌前一坐，要么就是看人力资源管理书，要么就是上网看小说。

前几天，老总开会，给大家布置了新的比较紧急的工作任务，而且限制了完成的期限。老总特别对大家说："现在公司多了一个人，工作上就应该有起色，要干得更好，我天天忙这忙那，没有时间管理你们，工作上的事靠自觉，你们积极些主动些就是了。"老总跟新来的小新也说了工作的内容，可小新天天该干什么干什么，老总布置的工作都不愿做，更不要说做额外的工作了。凑巧的是，小新身边的一位同事恰好是老总的亲戚，看小新每天工作没有一点儿积极性，属于她的工作也不主动去做，就私下向老总反映了情况。

接下来的几天里，老总特意抽空儿认真观察了小新的工作表现，发现他亲戚所言不虚。

在试用期的最后一天，老总把小新叫进办公室，对她说："我聘你来公司，不是为了白白给你发薪水的。你还是另谋高就吧，我这里不需要你这样的员工。"

以上事例中，像小新这样的蘑菇族，哪家公司愿意留用她呢？是的，任何一家公司聘用员工的目的都是为了让他为公司作贡献，而不是为了白白地给他发薪水。如果一进公司就消极怠工，被动做事，那么，老板就会觉得你没有在公司待下去的必要了。

其实，每家公司都喜欢对待工作积极主动的员工，因为他们觉得这样的员工会精神抖擞，满怀激情，能出色地完成任务，也能为企业创造更多的价值和利润。积极主动本身就是一种可贵的品质，那些能够积极主动做好本职工作的新员工，自然会受到老板的青睐。

云翔大学毕业后来到另一座城市打工，经过一番寻找，他发现就业形势并不乐观，于是，便选择在一家修车行工作，与他一起工作的还有其他几个年轻人。

一天，一位车主把他的豪华轿车开进了这家修车行，要求检修车辆，并与车行约定在两个小时之后来取。由于其他人手里都有活儿，修车行的老板便指定让云翔来检修这辆轿车。不到一个小时，云翔就把轿车检修完毕了。这时车主还没有来，云翔看了看车上的灰尘，便主动把这辆轿车从里到外仔细地擦洗了一遍，使轿车看起来像是新的一样。对于云翔没事找事的举动，旁边一起工作的同事都笑他傻，说他这是给自己找麻烦。云翔只是一笑置之，继续忙他的事情。两个小时后，车主准时回来了，当看到自己的车子变得如此光鲜亮丽时，他非常高兴，连连夸奖云翔，还把这件事告诉了车行的老板。老板知道后，当即决定把云翔提拔为自己车行的经理，并对他说："有你这样积极主动做事的员工，我很放心。"

看了上面这个事例，你有什么感想呢？你也许会说，上帝实在太眷顾云翔了。事实上，每个人都是决定自己命运的"上帝"。命运掌握在自己手中，选择积极主动地去工作，圆满地完成自己的任务，你才能为自己赢得更多的发展机会和空间。这就是积极主动的重要性。

在职场中，机会总是寻找那些能够积极主动去做事的职员。工作中，积极主动才是充满激情的表现，这样会让你的老板惊喜地发现你实际做的，比你原来承诺的更多，因此，你才能赢得老板青睐，获得更多的好机会。如果你对工作上的事情总是消极被动，那么，你就无法获得额外的报酬，你只能得到属于你应得的那一部分，当然，这会比你想象得少。而那些做事主动、积极肯干的人，往往就是担任最重要职务的人，因为有发展潜力的公司总是以一个人的工作能力和工作态度来决定他的报酬和职务的。

所以，亲爱的蘑菇族，从现在开始，积极主动地去做事吧。你要愿意承担额外的工作；要主动工作，不要等着别人吩咐；要从不偷懒，即使领导不在，也像领导在时一样用心工作；要关心"我为公司做了什么"；不要抱怨工作，要想着提前完成任务……总之，只有把积极主动当作自己的成功哲学，把积极主动当作追求个人更大发展空间的必修课，充满激情地去工作，你才能在未来的职业生涯中叱咤风云，创造事业上的璀璨和辉煌。

保证自己的工作时间

企业是创造效益和利润的地方，管理者都会视时间如金钱，在他们眼里，时间就是效率。在这样的单位，如果你没有时间观念，无法保证自己的工作时间，那么，你的工作效率和工作价值就会大打折扣，轻则你会被批评，重则你会被解雇。

我们看到，很多蘑菇族刚到单位就职时，往往不能保证自己的工作时间。这也难怪，学校和工作单位是两个截然不同的地方：学校属于相对宽松的学习环境，在那里你可以没有时间观念，即使迟到、早退、旷课，也没有人开除你；但是，在工作单位就不行了，在这里对时间的要求相当严格，如果你还像在学校时一样迟到、早退，不按时上班，那么，你的职场命运就会受到重创。刚进入职场时，也许蘑菇族一下子还真适应不了，但是，作为时间观念相对淡薄的新员工，我们最起码也要保证自己正常的工作时间。

下面这则事例中的温莉，试用期未满就被单位“扫地出门”了，为什么呢?

经过层层把关、筛选，应届毕业生温莉好不容易才被一家化妆品销售公司录用为办公室文员，她暗暗发誓：我一定要好好工作，争取有好的表现，给大家留个好印象。

小姑娘想法很好，上班的第一周，温莉每天早早地来到办公室，洒水、扫地、拖地、抹桌子，把办公室收拾得干干净净、整整齐齐的。自然，老板对她十分赞赏。可是，第二周还没有过完，温莉在学校时懒散的老毛病就犯了。她每天早上变得不想起床，到公司上班的时间也越来越晚了。第二周的最后一天，温莉又迟到了。该单位原本规定早上8点30分上班，可是，考虑到上班高峰，老板也没有说她什么，说以后9点上班就是了。没想到，时间推迟半个小时后，接下来的第三周、第四周，温莉竟然还是不断迟到。这让老板之前对她的看法来了个180度大转弯。如果仅仅是迟到，老板还不会产生开除温莉的念头。可是在之后的日子里，温莉在上班时间内总是时不时地煲“电话粥”，有时长达一个小时之久；趁着老板不在时，温莉还会去QQ农场“偷菜”，打开开心网玩个没完没了……就这样，八小时工作制被她搞成四小时、三小时，甚至一天下来工作时间几乎不到一个小时。

由于温莉每天都不能保证正常的工作时间，很多工作自然都落在了同事小王身上。小王每天累得筋疲力尽，还无法把工作做完，忍无可忍之下，就私下告了温莉一状。老板觉得温莉连基本的时间观念都没有，还想像学生一样混日子，就再也不想留用她了。

工作到第28天时，温莉被老板赶出了公司。

职场中，像温莉这样的蘑菇族不在少数，由于他们还残留着学生时代散漫的坏习惯，把工作场所当作学校一样看待，想玩就玩，不能转换自己的角色，因此，他们就无法保证自己正常的工作时间，也就无法做好自己的工作，过不了试用期也就不足为奇了。

那么，作为蘑菇族，怎样才能保证自己的工作时间呢？这需要你做到以下几点：

第一，按时上班，不迟到，不早退。这是对蘑菇族最起码的要求，是他们保证工作时间的前提。如果一名蘑菇员工每天不是迟到就是早退，那么，他怎么能保证8小时工作时间呢？试想，连基本的8小时工作时间都无法保证，他还能高效地完成任务吗？

第二，工作时间内不做与工作无关的事情。有些蘑菇族每天一上班不是赶快进入工作状态，而是浏览新闻，查阅与工作无关的资料，玩弄手机，煲电话粥或与网友聊天等，这就会占去一部分本该工作的时间。因此，在上班时间内，你一定要牢记：一开始就要进入工作状态，凡是与工作无关的事一定不要去做。这样，你才能保证自己每天工作够8个小时。

第三，合理安排时间，事先做好工作计划。由于蘑菇族入职不久，因此，他们对工作很不熟悉，加上每天有大量的工作要做，如果不能合理安排时间，不能事先制订好工作计划，那么，他们可能就忙得焦头烂额，即使下班了也完不成工作。就算他们不忙，合理安排时间，事先做好工作计划也很有必要，因为这样可以避免他们在工作时间内被其他个人私事干扰。

第四，珍惜上班时间，不虚度每一秒。珍惜时间的人，能在最短的时间内，以最快的速度把工作做好。如果你能够真正做到在上班时间内不虚度每一秒，那么，你就能保证自己有足够的时间来完成上司交代的任务，而不用那么辛辛苦苦地加班再战。

第五，上班时间不偷懒。有些蘑菇族还没有改掉以前在学校时“偷懒”的习惯，工作时间内，本该好好工作的，可发现领导不在，就会歇息歇息，偷偷懒。这样下去，正常的上班时间就缩短了，到头来完不成任务，效率低下，被连累的还是自己。

积累自己的人脉资源

由于刚刚步入职场，人缘指数低便成了蘑菇族的一大劣势，因此，蘑菇族要想成功转变角色，立足职场起点，在新的工作环境里如鱼得水，就必须设法提高自己的人缘指数。而要提高人缘指数，就不得不去积累自己的人脉资源，因为这是获得好人缘的关键。

当今社会是一个注重人脉资源的社会，在职场中，若能有熟人相助，很多事情办起来就会方便许多、容易许多。显然，这就是人脉资源所发挥的重要作用。但是，职场人脉关系一直都是蘑菇族的软肋，他们一入职就面临人脉危机。虽然经历了十几年寒窗苦读，知识底子不薄，但人脉资源却不够广。因此，人脉资源匮乏便成了他们职业发展的“短板”。如果他们不懂得积累自己的人脉资源的话，那么，在事业上是很难取得大的突破的。

所谓人脉，即人际关系、人际网络，它体现了人的人缘和社会关系。不要小看了人脉的力量，因为只要经营好人脉，就可以产生让人吃惊的效果，带来无法计量的财富。人脉就是隐性的金钱，它可以增加个人的竞争力，也可以给个人带来机遇和转机。对个人而言，专业就像是利刃，而人脉则是秘密武器，用心经营人脉，是一名员工走向成功的关键。

岳明进公司不到半年就从一名小小的业务员升到了业务经理。在别人看来，这简直有点儿不可思议。是因为他的业绩特别突出吗？不，公司里业绩比他好的人多的是。其实老板看重岳明的原因是多方面的，但主要的一点是：岳明入职以来在单位里人缘一直极好。人缘好就是凝聚力，便于团队协作，这一点对于业务部门尤其重要。岳明为人谦逊，乐于助人，待人真诚，整天乐呵呵的，对人非常友好，公司里每个人跟他关系都不错。自从岳明当上业务经理后，不仅没见他为了业务训斥过下属，而且业务部的业绩也越来越好，整个部门也变得特别团结。

以上事例说明了人脉对于成功的重要意义。从校园到社会，标志着毕业生们在自己的人生中迈出了很大一步。在这个过程中，面对新的环境、新的角色、从未经历的工作，还有更激烈的竞争、更复杂的人际关系等，他们中许多人很难适应，感觉成功遥不可及。其实，人生在世，一个人的力量是有限的，要想取得非凡的成就，仅靠一个人的微薄力量是不足以支撑整片天空的，而积累自己的人脉，构建自己的人际网络，无疑是一个人取得成功的筹码。

人脉是一种资源和资本，很多成功的职场人士都深深意识到了人脉资源对自己事业成功的重要性。无论你选择了什么职业，学会处理人际关系，掌握并拥有丰富的人脉资源，你就在成功路上走了85%的路程了，因为人脉是你终身受用的无形资产和潜在财富！

那么，蘑菇族如何积累自己的人脉呢？其实，积累自己的人脉资源，和你每个月雷打不动地往自己的银行存折里存钱是一个道理。银行里的钱存得越久越多，你能得到的利息就越多。同样，与身边人保持良好的关系，就是在建立你自己的人脉存折，只不过你的“存款”是存在了朋友、同事或客户的心里。具体而言，蘑菇族要做到以下几点：

第一，多与有好人缘的人来往。在单位里，人缘好的人一定有自己的优势，我们要多与他们交往，这样不但能学到很多东西，而且自己的人缘也会越来越好。

第二，无私地帮助别人。当你无私地帮助他人，并善意地关注他人的自尊时，你的好心终有一天会为自己迎来回报。同时，能施舍的时候不骄横，是一种最大的善举，别人会对你有好感，那样你就能获得一个好人缘。值得提醒的是，帮助别人并不难，难的是如何帮到点子上，帮得巧妙。如果做不到这些，还是保持沉默，不盲目地帮助他人为好。

第三，建立君子之交。俗话说：“君子之交淡如水。”与同事相处时，要亲密但不能无间。要想在公司生存下去，自然不能把同事关系搞得一团糟，保持友好关系是必需的。但是，同事之间毕竟存在竞争，也就是说有利益冲突，那就不能“无间”。别人一旦了解了你的长处与短处，甚至掌握了你的隐私，关键时候就有可能击败你。要知道，人往往在没有利益冲突的时候可以称兄道弟，一旦有利益纷争，就可能反目成仇。

第四，要有人情味儿。来到新的单位，我们应学会关心人、尊重人、理解人，在别人困难的时候伸出援助之手，替别人排忧解难，心胸要宽广。职场中难免会和别人发生矛盾，这时要用宽广的胸怀对待别人，绝不能心胸狭隘。

初涉职场要会忍

忍，是意志的磨砺，是爆发力的积蓄。作为职场蘑菇族，我们应该学会“忍”，在“忍”中拼搏，在“忍”中锲而不舍地追求。只有把自己的意志磨砺得像剑一样锋利和坚韧，我们才能迎接工作和人际交往中的各种冲突和矛盾，才能百折不挠，勇往直前，战无不胜。

古语说：“百忍成钢，百忍成佛。”古今中外，圣贤是忍出来的，领袖是忍出来的，帝王将相要忍，平民百姓要忍，蘑菇族涉世不深，更要学会忍。忍别人所不能忍，才能为别人所不能为。要想成功，我们必须隐忍以行。这是一种智慧，是一种能力，也是一种策略。

蘑菇族初涉职场，还未除去“娇”“骄”二气，还带着学生时代的稚气和脆弱，但身处职场，你的身份已经不再是学生，你必须做一个能忍的职员。“小不忍则乱大谋”，凡事应该以“忍”字为先，这并不是怯懦的表现，而是为自己穿上了一件抵御外界侵袭的护身服。

一个月前，曼曼还在一家广告公司的宣传部门做宣传工作，今天公司里却没有了她的身影。曼曼辞职的原因其实很简单：仅仅是挨了上司的几句批评。

其实，曼曼是好不容易才找到这份工作的。这原本是一份相当不错的工作，不仅轻松而且收入高，至少让曼曼在短短的三四个月里积攒了万元左右的存款——这在她一帮正努力为养活自己而奋斗的同学当中，可是一个惊人的数字。但就是这样一份工作，曼曼却说辞就辞了。

当曼曼拎着行李搬出单位宿舍到同学家里借住的时候，大家都被这毫无征兆的辞职事件吓了一跳。问她为什么突然就辞职了，她说：“你问我辞职的原因啊？唉！那天挨了几句批评，我觉得我的顶头上司一直都对我不满意，一时冲动，就辞职了。现在有点儿后悔了，觉得自己太幼稚了，芝麻大的小事都不能忍一忍。现在好了，连退路都没有了。”

但后悔也晚了，现在曼曼仍然在找工作，她想找一份和原来的工作性质差不多的，但面试了好几家公司，都高不成低不就的，只好继续找愿意收留她的单位了。

对于刚毕业的蘑菇族来说，曼曼的问题的确值得深思。职场并不是一个由着你任性的地方，如果你连一点儿小事都不能忍，就不可能在职场坚持下去。人生中总会遇到种种挫折，这时候，我们一定要识大体、顾大局，学会以忍为上，宽容为怀，否则我们就会遭受许多不必要的打击，碰上许多钉子，为自己的职场前途埋下“地雷”。

有句话说“忍一时之气，免百日之忧”，在职场上更是如此。那么，蘑菇族如何才能学会忍呢？这需要我们做到以下几点：

第一，苦累时懂得“忍受”。习惯了懒散的蘑菇族，工作之初，一定会觉得很苦、很累，每天回到家里就不想动了。很多蘑菇族不愿意吃苦受累，频繁地跳槽，虽然可能有机会攀上高枝，但是更多的人却因为频繁跳槽始终在较低层次反复做学徒。不愿意暂时吃苦的结果就是长期吃苦，经不住累的结果就是长期受累。不如先把眼下的苦和累忍受下来，过了这段时间，你的前途自然会豁然开朗。

第二，人际关系中懂得“忍让”。职场人际关系中最需要忍让，因为人际关系导致工作不顺畅，甚至跳槽的不在少数，有的人以为惹不起，躲得起，其实不然。凡是有人的地方，就有好、中、坏，再说工于心计是中国人老祖宗留下的传统，你能往哪儿躲？换个地方还是如此，不如宽容于人，就在现有单位挺住。每个人为人处世的方式都不一样，所以很容易发生冲突，如果双方都不会忍让，那么就会产生很多矛盾，小则吵嘴生气，大则一直争斗，甚至会闹出人命；而如果懂得忍让，那么，事情就会得以平息。

第三，工作中学会“忍耐”。工作单调、枯燥、乏味是普遍现象，因此，很多蘑菇族忍耐不住就跳槽了，甚至转行去做自己完全陌生的工作，结果不仅丢了专业，还丢了经验，成了一个“半吊子”——工作上能干但干不好、干不精。如果能忍耐下来，积累的工作经验就会越来越多，好的机遇也会越来越多，想成为公司里挑大梁的人物就不难了。

第四，吃亏时懂得“忍住”。中国人向来提倡“以忍为上”“吃亏是福”。这是一则玄妙的处世哲学。对于工作中由于争端而吃的亏，正确的做法是：乐于吃亏，大事化小，小事化了。我们应懂得克制自己，不惹事端，多考虑别人的感受。如果因为不愿吃眼前亏而蒙受巨大的损失，哪儿还谈得上未来和发展呢？

第五，受到批评时要学会“忍痛”。俗话说：“人在江湖漂，哪能不挨刀？”任何一个职场人士都不希望被上司批评。然而，在现实职场中，被上司批评却是常有的事情。挨批评的确是一件痛苦的事，尽管如此，我们也要懂得“忍痛”，坦然接受，而不是去反驳。要知道，反驳并不能使问题得到解决，相反还可能会使你们关系紧张、矛盾激化。

总之，“忍一时风平浪静，退一步海阔天空”。无论是处理人际关系还是工作冲突，我们都应学会以忍为上，懂得忍受、忍让、忍耐、忍住、忍痛。这样，我们才能有一个宽广的舞台。

测一测　你做好转型准备了吗

刚刚走出校门的蘑菇族，从学校到职场，面临角色的转变，难免会产生困惑与迷茫。毕竟，学校和职场是两个完全不同的环境，学生和职员是相差甚远的角色。身处职场，我们不能还以学生的身份对待工作，我们需要成功转变角色，真真正正地融入职场，融入工作单位。这是我们立足职场起点的基础，也是我们适应职场、做好职员的根本条件。

你做好转型准备了吗？认真自测一下你就知道了。请根据自己的实际情况作出选择。

1. 我还没有磨去学生身上的棱角，做事喜欢我行我素、一意孤行。

A. 是的　　B. 不是

2. 对于工作上的琐事，我总不能认真对待，敷衍了事。

A. 是的　　B. 不是

3. 我常常管不住自己的嘴巴，因此总是陷入是非圈而无法脱身。

A. 是的　　B. 不是

4. 初进工作单位，我很难认同公司的企业文化及经营理念。

A. 是的　　B. 不是

5. 我不能恰当地表现自己，我留给别人的形象就是不勤快、不踏实、不好学、不谦虚。

A. 是的　　B. 不是

6. 我总是眼高手低，无法给自己一个准确的定位，也不知道自己究竟适合干什么。

A. 是的　　B. 不是

7. 我很想给大家留下良好的第一印象，但我发现我留给别人的第一印象很糟糕。

A. 是的　　B. 不是

8. 我不善于微笑，也不太讲究着装，平时见了人也不爱打招呼。

A. 是的　　B. 不是

9. 我很难做到正确而合乎规范的施礼，举止有度、谈吐优雅就更谈不上了。

A. 是的　　B. 不是

10. 我平时不喜欢赞美别人，也很难和所有同事都友好相处。

A. 是的　　B. 不是

11. 我很难做到积极主动，一般都是老板交代什么做什么，不交代就不做。

A. 是的　　B. 不是

12. 对于额外的工作，我一向都懒得去做，因为那毕竟不是我分内的事。

A. 是的　　B. 不是

13. 老板不在身边时，我总想偷懒一会儿，或干点儿与工作无关的事情。

A. 是的　　B. 不是

14. 我总不能按时上班，对于迟到，我已经习以为常。

A. 是的　　B. 不是

15. 我明明知道积累人脉资源很重要，可就是不想在这方面投入过多的时间和精力。

A. 是的　　B. 不是

16. 我也会无私地帮助别人，但总帮不到点子上。

A. 是的　　B. 不是

17. 我发现在新的单位一切都是陌生的，我很难做到关心人、尊重人、理解人。

A. 是的　　B. 不是

18. 工作中，遇到不顺心或不公平的事时，尤其是吃亏时，我很难做到以忍为上。

A. 是的　　B. 不是

19. 和上司或同事闹矛盾时，我无法做到宽容为怀，而是得理不饶人。

A. 是的　　B. 不是

20. 当我觉得工作太苦、太累、太单调、太乏味、太枯燥时，我很难强忍着干下去。

A. 是的　　B. 不是

计分标准

选 A 得 0 分；选 B 得 1 分。

将每题所得之分相加，即得出你的总分。

自测结果

0～10 分：你还没有做好转型准备，很难成功转变角色。对于新的工作环境，你将很难适应。你身上还残留着学生的影子；你很难给自己一个准确的定位；你难以留给周围人一个良好的第一印象；对于工作，不管是分内的还是分外的，你都不会积极主动地去做；你无法保证自己的工作时间；你的人缘不会很好，需要花时间和精力构建自己的人际网络；工作和人际中，你不懂以忍为上。因此，你将难以立足职场。如果你想尽快立足职场、适应新的工作环境，那么，你必须花一些心思和时间先让自己成功转变角色。

11～20 分：你已经做好了转型准备，相信短时间内你在新单位就能成功转变角色。从学生到职员，你能做好角色转型；你会给自己一个准确的定位；你会留给周围的人一个良好的第一印象；对于工作，不管是分内的还是分外的，你都会积极主动地去做；你能保证自己的工作时间；你懂得积累自己的人脉资源，构建自己的人际网络；你懂得忍耐、忍受、忍让、忍住、忍痛。这些都是你立足职场的法宝，你在新单位一定能很快适应。

第2章

初入职场，先入团队

了解公司的企业文化

企业文化是企业的核心竞争力，是企业发展的内在驱动力。对于蘑菇族而言，深入了解所在单位的企业文化，能够帮助我们更快、更好地融入团队，适应新的工作环境。同时，只有在了解企业文化的基础上，认同企业文化，员工和企业才有彼此协同发展的可能。

蘑菇族进入一个新单位就职后，简单地说有两种可能：一种是深入了解企业文化，然后把企业文化融入到自己的工作中去，使自己在工作中如鱼得水；另一种是不去深入了解单位的企业文化，也无法尽快融入企业，或者说被排斥，这就出现了他们在个人发展方面的障碍，要么在工作岗位上无所事事，要么被迫离开所在单位。

那么，什么是企业文化呢？企业文化是企业决策者带领企业员工发展的一种坚定信念和追求。这种坚定的信念和追求不是虚无主义，也不是企业决策者说漂亮话、摆花架子忽悠员工。企业文化就是企业营造的“参天大树”，是企业员工与企业共享的一体化精神财富。公司的业务各种各样、公司的规模有大有小、公司的层次有高有低，因此不同的公司有不同的企业文化。

如果说企业是树，那么企业文化就是根；如果说企业是大厦，那么企业文化就是地基；如果说企业是躯体，那么企业文化就是灵魂。企业文化最能体现一个企业的精华。优良的企业文化能创造出一个良好的企业环境，对内形成企业凝聚力，对外提升企业竞争力，形成企业发展不可缺少的精神纽带和道德纽带，从而调动并合理配置有助于企业发展的积极因素。

任何一个单位都有自己的企业文化。其企业的文化内涵都是通过员工的精神风貌和行为来体现的。只有所有员工心往一处想、劲往一处使，企业的发展目标才能够实现。试想，如果一个2000人的企业，每个员工都按照自己的想法行事，那么这个企业就乱套了。企业文化就像掌舵的水手，引领着企业发展方向，进而促进企业和员工的共同成长。

新员工了解企业文化的时间因各自情况而不同，一般要经过三到六个月的时间。因此，如何快速了解新公司的企业文化，避免自己的职业生涯就此搁浅，是每一个蘑菇族必须考虑的问题。

张亮毕业于国内某名牌大学，他的专业知识非常丰富，应聘到国内一家大型IT企业后，更是摩拳擦掌，很想大干一场。于是，加入公司不到一周时间就作出一份长达30多页的企划案，放到老板的桌上，但是令张亮迷惑不解的是，老板接到企划案后非但没有表扬他，反而大皱眉头。

后来，张亮通过同事了解到：原来公司一贯奉行稳健经营的作风，而张亮的企划案虽然具有开拓性，但是存在着巨大的经营风险，与公司的企业文化不符。

以上这个事例告诉我们：每家公司都有自己独特的企业文化，在没有深入了解所在公司的企业文化之前，千万不要急于求成，以至于给别人留下不好的印象，工作上得不到认可。

对于蘑菇族而言，如何在企业中更好地表现自己，能否在这个企业长期发展，很大程度上取决于最初进入企业的经历和感受。因此，蘑菇族应当主动去了解和适应企业及其企业文化，包括企业的发展史、经营理念、决策机制和关键的人际关系等。

那么，作为新员工，蘑菇族如何才能快速了解企业文化呢？这需要我们做到以下三点：

第一，掌握企业文化所包含的内容。企业文化所包含的内容相当广泛，蘑菇族可以借助下面这个表格来更好地了解所在公司的企业文化。

表 2-1　企业文化的主要内容

1. 工作环境所彰显的企业文化的视觉系统，如企业标识、企业经营理念、标语口号、文化宣传栏等
2. 企业各项管理制度，如员工的行为守则、5S（指整理、整顿、清扫、清洁、素养）管理条例等
3. 员工的精神风貌，如企业组织的各种文化活动、比赛、各种会议等
4. 企业的产品，如产品的质量手册、检验标准、质量方针等
5. 企业的服务，如客户服务的理念、服务标准、服务的政策承诺、服务人员的行为、客户反馈等
6. 企业内部周围同事和领导的行为方式和处世风格
7. 企业对待员工的主要思想与配套措施，如企业如何对待员工，有哪些福利措施，为员工实现个人价值创造了哪些环境，个人在企业的发展前景等
8. 企业的文化愿景、战略及核心价值观

第二，工作中多学、多问、多了解。对于“可视规矩”，可查阅企业的制度、流程和职位说明书加以学习；对于“不可视规矩”，也就是企业文化，就要虚心地向老员工请教。因为他们在公司工作时间长，对企业的方方面面可谓细致入微，多和他们交流可以让你少走很多弯路。工作中遇到难题或是处理问题拿不准时，绝不能不闻不问、不懂装懂，而应主动大方地请教身边的同事，培养自己对公司的归属感。这样，你才能更快地了解公司的企业文化。

第三，认真对待新员工培训。新员工培训是一个企业把新招聘进来的员工从局外人转变为企业人的过程，它不但可以帮助新员工了解企业的行为规范、福利待遇、可用资源等，更重要的是将企业文化的大意灌输给新员工。因此，新员工培训无疑是帮助他们快速了解所在单位企业文化的一个绝佳时机，我们应该认真对待它。

总之，企业文化犹如企业成长的土壤，土壤越肥沃，企业也就成长得越健康。蘑菇族如果能够充分了解单位的企业文化，充分适应甚至传递企业文化，便能以最快的速度融入到集体中。

服从公司章程

从某种意义上说，服从是公司的重要“生产力”，没有服从观念的公司是没有发展前途的。所有团队协调运作的前提条件就是服从，甚至可以说，没有服从就没有一切。

我们知道，刚刚走出校门的蘑菇族大都喜欢张扬个性，任意妄为，总是按照自己的思路想当然地做事。而每一家公司都有属于自己的公司章程（主要指公司的管理制度和行为规范），如果蘑菇族不懂得收敛自己的行为，那么，在以后的工作中碰钉子就成了家常便饭。

公司章程是公司组织与行为的基本准则，对公司的运营具有十分重要的意义，它是公司赖以生存的灵魂。公司章程规定了公司和员工之间的责任和义务，它的存在既有法律意义，又有实践意义。有些公司章程解释了公司成员应该如何遵守特定的法律、制度和条规，有些则描绘了流程和期望。对于公司章程，你只能服从和执行。

服从是执行的第一步。一名优秀的新职员应该做到绝对服从公司章程。一个团队，如果员工不能无条件地服从公司章程，那么，在达成共同目标时，则可能出现阻碍；反之，则能发挥出超强的执行能力，使团队各个成员之间拧成一股绳，产生巨大的力量。

服从是一种美德。大到一个国家、军队，小到一个公司、部门，其成败很大程度上就取决于是否完美地贯彻了“服从”的观念和意识。在职场中，每一位蘑菇族都必须服从公司的章程，就如同每一名军人都必须服从上级的指挥一样。

服从公司章程是优秀员工必须具备的一种素质。一名员工，如果缺少服从精神，那么，他就不能很好地融入团队。不仅如此，公司的发展也会受到影响。

一艘花费了巨额资金和无数人力成本建造的豪华游轮正载着上千位乘客开始它的首次航行，乘客们还没来得及享受旅行的快乐就经历了一场船毁人亡的惨剧——船上的很多乘客不是葬身火海就是溺水而亡；有些乘客自己虽然幸免于难，可是，他们的家人却不是烧伤就是被淹死。这场惨剧无疑给很多家庭带来了沉重的伤痛。

后来，经过详细调查，结果表明：造成这场惨剧发生的直接原因是游轮起火，而造成游轮起火的主要原因是一间水手宿舍里的台灯发生短路。而这个台灯是水手未经船长同意私自带上轮船的，而且水手私自带台灯上船这一行为本身就是违反轮船出行规定的。

这个故事告诫我们：不服从公司的规定，后果将会不堪设想。绝对服从命令和公司章程，这是公司内部任何一名员工的第一要责，也是维护公司生存、实现公司内部所有成员共存共荣的重要保障。如果公司内部哪位员工不能绝对服从公司章程，甚至为了个人利益而牺牲公司的整体利益，那么，这样的员工轻则被开除，重则会给公司带来不可估量的损失。

俗话说："没有规矩，不成方圆"，而有了"规矩"，不去服从，不去遵守，"规矩"就是一纸空文。对公司来说，没有严格的公司章程，就不会成为一个具有高度凝聚力、战斗力和执行力的团队，只有有"规"有"矩"，才能全方面地促进团队的整体工作。对个人而言，蘑菇族只有严格要求自己，服从和遵循公司的行为规范准则和规章制度，才能把自己和团队融为一体，才能更好地完成工作，和其他成员共同打造高绩效的团队。

迅速熟悉每位同事

忽然进入一个完全陌生的圈子，面对一张张或亲切、或深沉、或谦虚、或倨傲的脸，蘑菇族很有必要迅速熟悉每位同事。只有对身边的同事十分熟悉，我们才能从中找到兴趣相投、价值观相近的人，并与之建立友谊，尽快打造自己在公司里的社交圈，更好地融入团队。

来到一个新单位工作，你将和你的新同事朝夕相处，并肩作战，知道他们的姓名、性别、年龄、文化程度、性格特征、业余爱好、家庭基本情况等，能帮助你更好地与他们友好相处，尽快融入新的集体之中，使他们认同你、接纳你、欢迎你，在较短的时间内，营造一个和谐、温馨、互相关心、互相帮助的良好的工作环境。

毕竟，职场不同于学校。在学校里，你可以不用那么刻意地去熟悉周围的同学，因为你们之间是相对独立的，在学习上没有那么多的联系和瓜葛。但职场就不一样，工作中需要合作，需要团队精神，如果你连自己身边的同事都不熟悉，将很难与同事们打成一片，不可能同心协力地做好工作。因此，迅速熟悉每个同事既是做好工作的需要，又是搞好人际关系的前提。

下面我们来看看两个蘑菇族刚入职时的经历。

勤勤和蓉蓉都是处于“断乳期”的职场新人，她们是同一天到公司上班的。

勤勤是个聪明伶俐的女孩，入职不到一周，她就熟悉了公司里的所有同事。原来，上班第一天，勤勤就把本部门和其他部门每一个同事的姓名、职务以及外貌特征等都记住了。接下来的几天里，她在工作之余就找同事聊天，进一步熟悉同事的性格、爱好、特长、工作能力等。这样，勤勤很快就和同事们熟识了，有什么困难同事们都很乐意帮她解决。

而蓉蓉就不同了，她一进公司就埋头做事，工作一周了连身边同事叫什么都不知道，更不要说熟悉每个同事了。由于和每个同事都不熟识，她在工作中遇到困难时，也没人对她进行点拨；遭到恶意刁难时，也没人愿意出手帮助她。

可见，入职初期迅速熟悉每个新同事可以帮你构建良好的人际关系网，使你成为受欢迎的人，在工作中得到更多的援助和支持。因此，蘑菇族进入工作岗位后，除了尽快熟悉自己的工作外，更重要的就是在最短的时间内快速熟悉每个同事，融入公司的团队，避免受到排挤和孤立。只有你被团队接纳了，对搞好同事关系的“游戏规则”有更多的了解，你才能和他们和谐相处，在工作中获得帮助，并从中享受融入团队所带来的好处和快乐。

其实，蘑菇族进入公司后的首要任务便是熟悉每一个新同事。那么，蘑菇族如何才能迅速熟悉每一个新同事呢？你不妨参考以下几种方法：

第一，把自己介绍给同事。蘑菇族初涉职场，由于对同事都不熟识，免不了要做一番自我介绍。具体而言，你只要把自己的姓名、籍贯、毕业院校、专业、兴趣、爱好和特长介绍一下即可。值得注意的是，在向同事做自我介绍时，一定要做到简洁、清晰，充满自信，态度要自然、亲切、随和，语速要不快不慢，目光要正视对方。

第二，迅速找到几个亲密同事。蘑菇族应该迅速融入同事中间，从中找到几位“情投意合”的同事，打造自己在公司里的社交圈。不过，要注意的是，与同事搞好关系不等于拉帮结派，应把握一个度，千万不要钻进某个狭隘的小团体，否则，对你有百害而无一利。

第三，融入同事的爱好之中。俗话说："趣味相投"，只有共同的爱好、兴趣才能让人走到一起。如果公司的新同事喜欢在闲暇时谈论足球，那么，蘑菇族就应该有意识地关注体育方面的消息和新闻了。有了共同话题，和同事相处就容易多了。这是你和新同事搞好关系的一个突破口。这样不仅能增进你和同事间的友谊，还有利于你进一步熟悉身边的每个同事。

第四，积极参加同事的娱乐活动。工作之余，你可以与同事一起出去参加娱乐活动，比如唱歌、郊游、跳舞、泡吧等。人们只有在工作之外才会展示其真实的一面，和同事一起娱乐游玩不但可以加深双方的交流，了解同事的品行、习惯、爱好等，而且还可以促进同事间的感情，增加彼此间的了解与亲密。这样，对你们工作上的合作、沟通是很有帮助的。

做个很好的听众

倾听，是一种常见的人际交流方式。善于倾听，做个很好的听众，可以为你赢得众人的好感，使你成为一个深受欢迎的人。而受人欢迎是一名新员工在最短的时间内融入公司大集体的法宝。换句话说，倾听是一名新员工成功融入团队的锦囊妙计。

作为公司里的新面孔，蘑菇族如何才能在最短的时间内赢得大家的欢迎呢？这里有一个很好的方法，那就是在与别人交往的过程中，做一个好听众。

倾听，是我们向别人学习的一种有效途径，可以帮我们开阔视野、获得知识。同时，倾听还能够拉近彼此间的距离，加深感情，增进友谊，获得学习的好机会。当别人不顺心、想不开、悲伤痛苦的时候，认真倾听他的肺腑之言能够减轻他的痛苦，使他得到慰藉。更为重要的是，你会因此获得他们的信任和感激，从而也为你的成功铺设道路。

其实，在工作中，一切有效的沟通都离不开倾听。而有效沟通又是建立和谐团队的主要因素。据社会心理学家统计，我们有50%～80%的时间在与人沟通，在此期间，有一半的时间是在倾听。沟通心理学强调，一个善于沟通的人首先应该是一位好听众。

尽管倾听如此重要，可是，现实中还是有很多人不能做个好听众。

一天，美国知名主持人林克莱特访问一个想当飞行员的小朋友。林克莱特问："如果有一天，你的飞机飞到太平洋上空熄火了，你会怎么办？"小朋友想了想说："我会先告诉坐在飞机上的人绑好安全带，然后我挂上我的降落伞跳出去。"当现场的观众笑得东倒西歪时，林克莱特继续注视着这孩子。没想到，孩子的两行热泪夺眶而出，这才使得林克莱特发觉这孩子的悲悯之情远非笔墨所能形容："我要去拿燃料，我还要回来！"

读了这个故事你有何感想呢？你是不是在反思自己也曾像那些笑得东倒西歪的观众一样，从来不听别人把话说完，就发表自己的评论？你是不是也习惯性地用自己的武断打断别人的讲话？事实上，不仅仅是你，很多人经常都会犯这样的错误。

在一个团队中，大家都喜欢善于倾听的人。倾听是使人受欢迎的基本技巧，也是处理人际关系的重要技巧，它是你人际交往迈向成功的第一步。

做个好听众能为你赢得好感和成功，豪斯先生就是最好的事例。

豪斯先生曾是美国威尔逊总统在位时期的副总统，他工作非常出色。他的一位朋友曾这样评价他说："豪斯先生一向是一名好听众。他之所以能够出任威尔逊的副总统，可能多半是出于他对人恭听的态度。因为豪斯和威尔逊首次在纽约会面时，他就用善于倾听的策略赢得了威尔逊的好感，同时也引起了威尔逊对他的注意。”

豪斯先生虽然是大人物，是名人，但他在交际中丝毫没有摆出傲慢的姿态，而是恭敬地听他人哪怕是初次见面者的谈话，使对方对他的好感油然而生。他这种愿意耐心倾听他人谈话的谦恭姿态，对于职场中想赢得好感的蘑菇族来说是值得学习的。

认真倾听别人讲话虽然是件小事，但通过这种小事，不仅可以看出一个人是否有礼、有心，还能看出他是否有水平。其实，在现实生活或工作中，越是善于倾听的人，与他人的关系就越融洽。因为倾听本身就是对对方的一种褒奖，你能耐心倾听对方的谈话，等于告诉对方“你是一个值得我尊敬的人”，对方又怎能不积极回应、不表现出对你的好感呢？

倾听，看似一件很简单的事，其实做起来并不容易。那么，蘑菇族如何才能做个很好的听众呢？这就需要我们掌握以下几种关于倾听的正确做法：

第一，端正认识。在与别人交谈时，不要把认真倾听别人谈话看成是一种技巧，而要把它看成是一种个人修养、品德的表现。只有这样，你才有可能改正自己不善于倾听别人说话的毛病；在别人说话时，你才能做到态度诚恳，诚心实意去倾听，而不是敷衍。

第二，注视对方，全神贯注。倾听别人讲话时，你一定要注视对方的眼睛，全神贯注地倾听。这样即使你一言不发，对方也能看出你是在认真地听他讲话。在与别人讲话时，你的眼睛老是东张西望，或盯着其他地方、其他事物、其他人，或做一些小动作，就说明你对此次谈话不屑或不感兴趣，这就是不尊重别人，这会让对方感到很尴尬。

第三，姿态自然，多样倾听。在倾听过程中，我们需要适时更换倾听姿态，这能让对方感觉到我们对他的重视。一般来说，倾听的姿态可分为如下几类（见表2-2）。

表 2－2　倾听的姿态

倾听姿态	具体内容
作出反应	你可以使用积极的肢体语言来表明你正在密切地关注着对方。如稍稍向对方靠拢、身体前倾、保持目光接触、适当地点头微笑、眉毛耸起等。这些表现暗含的是肯定性鼓励，表示自己对对方的谈话兴趣盎然。如果你表现得冷漠、厌烦，那么，一定会让对方觉得你很无礼，对方也不会对你有多大的好感
姿态恰当	恰当的姿势，如直接的面对面姿势、手托下巴、微欠上身、适当点头等，这说明了你对谈话有兴趣。而跷二郎腿、抱着双臂、身体后仰、扭转头颅、背向对方等，则表示对别人不友好
丰富表情	多笑一下，会鼓励别人说得更多、更深入。目光呆滞，表明你对谈话不感兴趣；而视线转移，则说明你心不在焉。眼光接触，既可表示对对方的尊重，也能从其眼神中读出更多的言外之意

第四，适时地提出问题。在别人讲话的时候，你可以在合适的时候提出一些问题，这样，别人会认为你对他所说的话很感兴趣。这是对他的一种赞美。

第五，不要突然打断别人讲话或者急切改变话题。当别人正用心和你交流的时候，打断别人讲话或急切改变话题是很不礼貌的做法。即使你不想听，也要听下去。

第六，确认对方谈话的内容。这是要表明你听懂了对方的话。倾听过程中，你不妨偶尔重述一下说话人的话。这样你就能掌握对方说话的节奏，更好地明白对方的真正意思。

第七，善于思索，听出言外之意。倾听不仅要经过耳朵，还要经过大脑。这样，我们才能听出言外之意。社交中，出于羞涩、礼貌等原因，很多话对方不宜直说。如果你也只听表面意思，而不去用大脑分析，那么，你就可能把事情办糟。因此，我们必须善于思索，听出对方的言外之意。

工作中求同存异

在工作中求同存异是建立良好职场关系的基石，是发挥团队精神的前提，也是新员工在工作中赢得尊重和援助的资本。在现代企业团队中，要想成为一名好员工，就要懂得求同存异，与别人处好关系。而融洽的团队关系又是决定我们职场成败的一大因素。

如果我问你：蘑菇族身上有哪些显著的特点呢？你肯定会想到：他们个性十足，很难听进别人的意见；他们喜欢凡事以自我为中心，不能为他人着想；他们各有各的想法和做法，完全忽略他人的存在……是的，他们就是这样，根本不知道在团队中需要求同存异。

俗语说："不是一家人，不进一家门。"但这话到了职场中就得另说了。职场这个"家"偏偏是由各种不同的人组成的，他们处在不同的年龄段，拥有不同的文化背景和职业履历等，这就造成了不是谈话时的风马牛不相及，就是工作中的彼此冲突。为了不得罪任何一个人，为了在团队中获得好人缘，为了集体利益，我们就必须懂得求同存异的道理。

"世界上没有两片相同的树叶。"那么人也一样，在团队或集体中相处共事时，对同一个问题，常常会产生差异极大的看法，以致引发不同程度的争论，稍不小心就容易伤和气。这对我们的发展是不利的，轻则工作中受到阻力，重则被排挤出局。因此，我们需要紧紧把握好"求同存异，融入团队"这一交往原则。

事实证明，如果不懂得求同存异，你在团队中就无法获得好的发展。

熊国瑞是入职不久的应届毕业生，大家开始都亲切地叫他"小熊"。熊国瑞上大学时就是个辩论高手，口才确实不错，是大学辩论协会主席，经常是辩论场上的首席辩手。参加工作后，他还是改不了这种爱辩论的个性，平时不论同事谈点儿什么，他总喜欢评价一番，并煞有介事地指出别人的错误。因此，基本上他一开口，大家就打趣地说："事实胜于'熊'辩。"

如果只是工作之余爱辩论，也无伤大雅。可是，在工作中，熊国瑞依然如此。当他和其他人意见不同时，他总喜欢争个谁对谁错。而且，无论别人说什么或做什么，他总要指出别人的不正确或是不符合情况的地方。为此，他往往会把对方惹恼，把事情搞砸。

其实，公司是不太喜欢重用熊国瑞这种类型的员工的。熊国瑞参加工作不到两个月，上司就把他辞退了，理由是：爱与人争辩，不懂得求同存异，严重影响团队工作效率。

以上事例中，像熊国瑞这样不懂求同存异的蘑菇族被公司辞退应该是早晚的事。因为在工作中，经常需要双方或者多方合作，企业用人，目的是把事情做成、做好，而不是争论谁的观点正确或比赛谁的辩论术高超。就算你能让对方自感惭愧，无言以对，可是事情做不好、做不成，那辩论的成功又有什么意义呢？因此，在工作中，只有讲究求同存异，我们才能寻找共同点，达到促进和维护存在不同观点的个体和团体之间的团结和协作的成功。

在现实职场中，每个人都不可能单独完成所有的工作，都需要团队的协助。可是，在一个团体中，由于每个人的工作能力、做事方式、性格、品行、兴趣爱好和人际关系方面的差异，导致在面对同一个问题时，每个人都有不同的看法和做法。这时，我们难免会与别人意见相左，从而影响自己的人际关系和团队协作，此时就需要我们做到求同存异。

求同存异，说起来容易做起来却很难。那么，蘑菇族在工作中如何才能做到求同存异呢？

第一，感谢提出不同意见的人。任何肯花时间表达不同意见的人，必然和你一样对同一件事很关心。你应感谢他们，把他们当作真心帮助你的人。

第二，与人处事时要抱着学习和欣赏的态度。即使你不喜欢某一个同事或老板，你仍应从他的观点和意见中找到值得学习的地方；如果发现了他的优点，你也应该及时称赞。

第三，学会接纳，懂得宽容。不要受到一点点委屈就斤斤计较、耿耿于怀，更不要容不下那些与自己意见相左或比自己强的人。即使我们不同意他人的意见，但是，我们在发表自己的见解之前，最好能首先肯定别人意见中的某些可取方面。我们应该学会大度，多一些体谅和宽容，且对事不对人，这更有利于工作的开展。

第四，欢迎不同的意见。这是你避免遭受别人排挤的最佳方法。如果你不想在单位里被孤立、被排挤，那么，当你和别人在工作中产生分歧时，你就应该对不同的意见表示欢迎。

第五，不要相信自己的直觉。听到不同的意见时，人的第一个反应是反驳。这时，你要慎重，要保持平静，并且要小心自己的直觉反应。当需要驳倒对方、坚持自己的意见时，点到为止即可，切莫让对方“无地自容”，换句话说，要给对方台阶下。

第六，耐心倾听，再提意见。我们要懂得给别人说话的机会，让他把话说完，不要抗拒或争辩。听完对方的话后，首先提出你赞同的意见。如果对方的意见是对的，那么，你就应该出于真心地愿意仔细考虑他们的意见。

第七，学会换位思考。在工作中当与别人发生分歧时，我们应站在对方的立场上考虑一下，这样就可能体会到他们内心的想法和真实的感受，了解他们的苦衷，从而发现自己想法或做法的不足。这样有利于我们修正自己，与别人相处起来自然就和谐愉快了。

第八，接受他人的独特个性。这个世界上没有两个完全相同的人，一个公司或团队里每个员工都有其独有的性格和特点，这是我们必须要面对的一个事实，我们不要试图去改变。在和别人相处的过程中产生不同意见时，我们要做的就是接受他人的独特个性。

总之，我们每个人都会处在各种各样的团队中，遇到各种各样的人。“金无足赤，人无完人”，要想做到八面玲珑是不容易的，有时甚至难免磕磕碰碰。这就需要我们在人际交往的过程中遵守求同存异的处世原则。这不但会使我们在职场中轻松自如，也会给别人带来好处。在工作中利人利己，那融入团队不就水到渠成了吗？

表达对别人的尊重

在一个团队里，每人都负责不同的工作，先不说谁的工作流程更好，大家在一起工作，尊重是最基本的要求。因为你不会在工作中尊重别人，就无法与其他人更好地合作。

刚刚跳进职场的海洋，不少蘑菇族都会因为搞不好人际关系而伤神，因为无法与别人友好合作而苦恼，为什么会这样呢？或许是他们对人缺乏应有的、起码的尊重。

尊重是打开别人心灵的金钥匙，因为尊重别人的人能使他人产生安全感，也容易将自己的心扉打开。在一个团队中，尊重是与人友好相处的基本要求，是人际交往的美德。人与人之间的交往都应建立在尊重的基础上。尊重是我们在团队协作中不可或缺的重要元素，也是我们能够在团队中编织扎实的交际网络的重要保障之一。

尊重是一种修养，是一种品格，是一种对人不卑不亢、不俯不仰的平等相待，是对他人人格与价值的充分肯定。在职场团队协作中，我们可以发现，那些有修养、有文化的人，大都注重尊重别人。我们与这样的人交往时，会感到非常快乐、满足。

身为蘑菇族，你只有学会尊重别人，别人才会尊重你，配合你的工作。

新员工小陈初入职场就有了被排斥的感觉，觉得自己仿佛做了“插班生”。这种感觉让她备受心灵上的折磨，她不明白自己期待许久的职场生活怎么会是这个样子。

一天下班后，同事们一个个陆续离开办公室后，小陈就问身边的同事小蒋。好心的小蒋这才帮她点破了玄机：你知道大家为什么老躲着你，不想理你吗？因为你对人连起码的尊重都没有。举几个例子来说吧：同事王军今年才30岁，由于面相老，你总是一口一个“老王”地称呼他，弄得至今连女朋友都没找到的他心里非常窝火；同事赵华由于身材矮小，你竟然每天称呼他“小矮人”，这让他觉得非常没有面子，很伤自尊；蓝蓝是个肥姐，在你眼里却成了“石墩子”，自从你叫她“石墩子”后，她每天都在为自己的身材苦恼不已。当然，还有的同事每天都提心吊胆的，怕你给他们安个“不三不四”的绰号。因此，在大家眼里，你就是一个初出茅庐的黄毛丫头，不可理喻，工作上当然就不愿意帮你，更不愿配合你。

听了小蒋的话，小陈这才恍然大悟。第二天，她在工作之余，一一真诚地向王军、赵华、蓝蓝道歉，并向大家保证，以后再也不会这样了。

很快，大家就转变了对小陈的看法，工作上也愿意帮助她、配合她了。

其实，在职场中，一个人不论处于什么地位，都希望得到别人的尊重，从而主动地去遵守规则，并自发地为团队着想，和谐就此产生，效率因此提高，团队发展也就水到渠成。可以说，团队成员之间的尊重程度，往往会反映出该团队的和谐程度。这是团队内部和谐产生的根源。

那么，在团队协作中，蘑菇族如何才能表达对别人的尊重呢？不妨试试以下做法：

第一，主动道歉。在工作中，同事间的交往日益频繁。在交往中出现一时的失误都是在所难免的。如果出现失误，你应真诚主动地向对方道歉，求得对方的谅解；倘若同事对你产生误会，你应该向对方说明，不能小肚鸡肠，耿耿于怀。

第二，虚心谦让。虚心是一个人的优良品质，它能帮你在工作中赢得大家的尊重，而虚心谦让更是如此。如果自己过于计较眼前的利益，总争求种种“好处”，时间长了难免会引起同事们的反感。如果对那些细小的、不大影响自己前程的好处多一些谦让，这种豁达的处世态度无疑会帮你赢得人们的尊重，也会增加你的人格魅力。

第三，不要在别人的伤口上撒盐。有一句箴言这样说：“让别人恨你的一个方法——揭开别人的伤疤，然后撒把盐。”这就告诫我们，不要在别人的伤口上撒盐。

第四，不要挖苦讽刺别人。团队协作中，不管别人身上有多少缺点和不足，做事多么笨拙，业绩多么可怜，我们都应注意不要挖苦讽刺他人。不然，就会搞得对方心情很不愉快。

第五，不贬低他人，不抬高自己。即使你专业知识丰富，很有能力，说话时也要注意不要有任何贬低别人的意思和做法。还有，谁都不喜欢高高在上、不可一世的人。如果你目空一切、狂妄自大到了极点，任何人都不会愿意与你接近和交往的。

第六，以礼待人。礼貌在团队合作中具有重要的作用，只有以礼待人，你才能博得别人的好感，得到别人的配合。礼貌待人是尊重他人的具体体现，礼貌待人首先意味着平等待人，即每一个人在人格上是平等的，不歧视他人，不中伤他人。从根本上讲，这也是一个人有素养的表现。

第七，做人要诚实。诚实是信任的基石，信任是团队协作的基石。如果团队成员之间互相欺骗，那就不能做到互相信任，也不会有真正的相互尊重。

第八，友好互助。不管是在工作中还是在生活上，同事若有难处，都应予以体谅理解。千万不要吝啬你的关心与安慰，并尽力给予他们帮助。当自己需要帮助时，不可强求他人。

团队合作需要默契

在一个团队中，只有人与人的默契，才有事与事的和谐。这就足以看出，团队的凝聚力来自于团队成员之间无声默契下的配合力。因此，培养自己的团队精神，让自己尽快融入集体，蘑菇族还要做到“心有灵犀一点通”，在团队中与各个成员默契配合。

职场中，当有同事做了你想做但一直没有做的事，你会觉得很亲切，这是一种默契；当大家能亲密无间地完成一件事，这也是一种默契。一个眼神，一个手势，也许都是默契的开始。默契，对于团队合作而言非常重要。因为唯有默契的合作才能让一个团队迸发出最强大的能量。

在一个团队里，每个成员都不可避免地要和不同的成员打交道。团队成员中，有的性格直爽，有的含蓄沉稳，有的刚柔并济，有的优柔寡断，有的好大喜功……而如何在工作中与不同的团队成员默契配合，便成了每个团队成员都必须考虑的问题。

2005 年 10 月 12 日，由费俊龙和聂海胜担任航天员的“神舟六号”飞船在巨大的轰鸣声中射向太空，并于 2005 年 10 月 17 日凌晨 4 时 33 分在内蒙古自治区四子王旗中部草原成功着陆。“神六”的飞行是由两人小组完成，所以既要考虑他们的专业技术能力配合，还要兼顾个人性格、心理稳定性以及双方良好的心理相容性。

在“神六”的飞行中，费俊龙和聂海胜分别担任指挥长和操作手。两名航天员能通过航天服内的话筒与地面指挥控制人员直接对话，但彼此之间不能直接对话，每一个操作只能彼此用手势交流，因此，两名航天员之间的默契配合至关重要。

在进行航天员搭配的时候，指挥中心便考虑到性格的互补问题，因为飞船上两个人的工作是有分工的，需要默契配合。同时，两个人训练成绩上也要能够互补，并且愿意同对方一起执行任务。在三组候补梯队里，费俊龙和聂海胜不约而同地把对方作为了首选。费俊龙说，聂海胜最大的特点就是沉稳和扎实。而聂海胜则称，费俊龙在工作上是一个非常严谨的人，无论干什么事情、做什么工作，都想得比较细，做之前也会进行充分的准备，对训练中的每一个环节、每一个动作，都考虑得很细，使整个训练程序能完整、顺利地走下去。

以上事例中，尽管费俊龙和聂海胜两个人的性格不同，但他们能相互容纳对方，取长补短，默契配合，这是他们能顺利完成航天任务的关键因素。由此可见，是否懂得与自己的团队成员默契配合，是一个人是否重视团队协作、具备团队精神的关键因素。事实上，不只是航天员需要在团队中默契配合，做其他工作也一样。不管你从事的工作是复杂还是简单，是伟大还是卑微，都需要团队成员之间的默契配合。这样，整个团队才能成为一个坚不可摧的整体。

可是，蘑菇族都是刚进公司的新职员，每天面对的是一张张陌生的面孔，工作中怎么才能做到与他们默契配合呢？这就需要我们做到以下几点：

第一，心灵上的有效沟通。那就是以相互信任为基石，以朝着同一目标共同努力的行为为砖瓦，将感性沟通引向超越行为、语言层面的最高层沟通——心与心的沟通。

第二，对团队中各个成员有所了解。蘑菇族初到新单位就职，由于对公司里各个成员不是很熟悉，所以，在工作中需要合作时，很难做到与他人默契合作。这就需要蘑菇族多花费一些时间和心思，观察、了解团队中每个成员的性格、处世方式、爱好、兴趣、工作能力等，这样，当我们需要与之合作时，就能大致揣摩出对方的想法和做法。

第三，为团队着想。俗话说："人心齐，泰山移。"这就是默契配合的巨大威力。具体到工作中，就是"心往一处想，劲往一处使"。这样，你才能和团队各个成员之间默契配合，有效促进各项工作，把工作做到位、做完美。

与团队荣辱与共

在一个团队中，个人与团队之间的关系极为密切，关键时候可以说是"一损俱损，一荣俱荣"。因此，蘑菇族一定要懂得与团队荣辱与共、风雨同舟、同甘共苦。

世界500强企业通用公司的招聘官曾经说过这样一段话："我们要求所有的通用员工都能抛开狭隘的个人主义，他人之得并非自己之失。因此，双赢思维应该成为人际关系的基本原则。相反，那些不注重合作的人，企业给他的空间几乎为零。通用公司根本就不会招聘这类人，也绝不会让这类人留在通用。"刚参加工作的蘑菇族，你们能否明白这位招聘官的意思呢？其实，他要表达的是：一个人要能与公司荣辱与共，否则连被录用的机会都没有。

对于任何一家企业而言，每个成功的管理者都希望自己的员工是一个能以全局利益为重、与团队荣辱与共，能用双赢思维去为企业赢得最大效益的人。聪明的员工没有不爱自己企业的；智慧的员工永远都会和团队成员组成一个坚强的整体。他们会用自己全心全意的爱，为团队的崛起而尽心尽力；他们会视所有团队成员为"手足"，并与之荣辱与共。

然而，在现实职场中，有一些情况让我们看了后会很难受。比方说，有一家公司经营了几十年，突然陷入危机，这个时候，很多员工马上把公司包围起来，索要薪水。如果达不到目的，他们就会逞一时之气，把公司搞得鸡犬不宁。他们从来都没有想过，老板几十年来要扛多少风险、要承担多少责任，他们只会自私地考虑自己的利益，而把公司的命运放在一边，他们能有好的前程吗？

当然，也有愿意和公司风雨同舟、同呼吸共命运的人，这样的人才是难得的人才。

林飞翔刚进公司时，公司运转正常，他工作得得心应手。

可是，半年以后风云突变，公司因承担一个大项目的策划而造成资金缺乏，完全陷入停滞状态，别说给员工发工资，就连日常的开支也无法负担，只能向银行申请资金支援。

由于公司前景暗淡，欠款数额巨大，银行未给予他们答复。老板召集全体员工陈述公司的现状，一下子人心涣散，人员所剩无几。很多员工为了索要最后两个月的工资还把老板办公室围得水泄不通，见老板实在无钱支付工资，他们就各取所需，将公司的东西分得精光。尽管如此，林飞翔并没有放弃，他想：沙漠里的人也能生存。当有人劝他赶快另谋高就时，他只说："公司前景好的时候给了我机会，现在公司有困难了，我得与公司共渡难关。我不会做那种没有道德的事。只要公司不宣布倒闭，老板还留在这里，我始终不会离开公司的，哪怕只剩下我一个人。"果然，不久公司只剩下林飞翔一个人陪老板了，老板歉疚地问他为什么要留下来，他微笑着说："既然上了船，当遇到惊涛骇浪，就应该同舟共济。"听了林飞翔的肺腑之言，老板深受感动，并表示一定要重整旗鼓。

两个月后，在政府的扶持下，公司开始招聘新员工。由于公司急需人才，老板找到林飞翔，对他说："你是位难得的人才，我决定让你来出任项目开发部经理。"

林飞翔为什么在这么短的时间内就被任命为项目开发部经理？不是因为这个年轻人有卓越的能力和超群的智慧，而是他在公司陷入困境时，自始至终都能与公司风雨同舟。事实上，很多公司并不缺乏人才，缺少的就是像林飞翔一样能和公司同呼吸共命运的人。

总之，在个人前途与公司前途的博弈中，胜出的往往是那些与团队荣辱与共的人。因此，从进入公司上班的那天起，蘑菇族就应该与自己的公司同舟共济、相互依存、荣辱与共，不在公司困难时做“逃兵”。只有这样，公司才能够发展、壮大，你才能有更好的发展舞台和发展空间。否则，在经历艰辛之后分享胜利果实的盛宴上，将不会看到你的身影。

测一测　初涉职场，你能快速融入团队吗

不少步入职场没多久的蘑菇族纷纷表示，工作上边看边学，一段时间就可以上手，但面对陌生的环境，往往觉得很难融入到团队中。融入新团队是一门“高深的学问”。对于一个初入职场的蘑菇族来说，最迫切的事情就是要快速地融入这个团队。只有融入了，你才能步入正常的工作轨道，才能认真踏实地工作，才能尽快地实现自己的价值。

初涉职场，你能快速融入团队吗？用心自测一下你就知道了。以下是一套关于蘑菇族是否能快速融入团队的测试题，请你根据自己的情况作出选择。

1. 你认为团队合作非常重要，你是个很有团队意识和团队精神的人。

A. 非常符合　B. 有点符合　C. 无法确定　D. 很不符合

2. 刚上班不久，你已经能融入自己的团队了。

A. 非常符合　B. 有点符合　C. 无法确定　D. 很不符合

3. 虽然刚来公司上班，但你对公司的企业文化已很了解。

A. 非常符合　B. 有点符合　C. 无法确定　D. 很不符合

4. 你总能严格要求自己，服从和遵循公司的行为规范准则和规章制度。

A. 非常符合　B. 有点符合　C. 无法确定　D. 很不符合

5. 来到一个新单位工作，你很快就知道了同事们的姓名、性别、年龄、文化程度、性格特征、业余爱好、个人兴趣、家庭基本情况等，你能和每个同事友好相处。

A. 非常符合　　B. 有点符合　　C. 无法确定　　D. 很不符合

6. 在与别人交往的过程中，你能做一个好听众。

A. 非常符合　　B. 有点符合　　C. 无法确定　　D. 很不符合

7. 工作上遇到分歧时，你允许别人保留个人意见，不气、不怒，求同存异。

A. 非常符合　　B. 有点符合　　C. 无法确定　　D. 很不符合

8. 你能听取别人的意见，并能做到有选择的参考。

A. 非常符合　　B. 有点符合　　C. 无法确定　　D. 很不符合

9. 你与团队成员的关系非常融洽，工作中遇到自己难以解决的困难时，你会积极寻求其他团队成员的帮助；当其他团队成员有困难时，你也会尽自己最大的努力去帮助他们。

A. 非常符合　　B. 有点符合　　C. 无法确定　　D. 很不符合

10. 你很清楚自己在团队中的角色，并能胜任这个角色。

A. 非常符合　　B. 有点符合　　C. 无法确定　　D. 很不符合

11. 身为新员工，你能尊重团队中的每一个成员，他们也能很好地配合你工作。

A. 非常符合　　B. 有点符合　　C. 无法确定　　D. 很不符合

12. 你能将你的合作者视为朋友，尽最大能力给予支持。

A. 非常符合　　B. 有点符合　　C. 无法确定　　D. 很不符合

13. 你对团队中的各个成员都非常了解，在团队中你能与各个成员默契配合。

A. 非常符合　　B. 有点符合　　C. 无法确定　　D. 很不符合

14. 从进入公司上班的那天起，你就与自己的公司同舟共济、相互依存、荣辱与共了。

A. 非常符合　　B. 有点符合　　C. 无法确定　　D. 很不符合

15. 你不是那种受到一点点委屈就斤斤计较、耿耿于怀的人，你懂得接纳、宽容别人。

A. 非常符合　　B. 有点符合　　C. 无法确定　　D. 很不符合

16. 团队协作中，你能主动地、很好地调和团队成员之间的矛盾。

A. 非常符合　　B. 有点符合　　C. 无法确定　　D. 很不符合

17. 在整个团队中，你能充分地信任自己的合作者。

A. 非常符合　　B. 有点符合　　C. 无法确定　　D. 很不符合

18. 当你与其他人共同承担某一项任务时，你能把自己的工作做得井井有条。

A. 非常符合　　B. 有点符合　　C. 无法确定　　D. 很不符合

19. 工作之余，你常和同事一起出去参加娱乐活动，比如唱歌、郊游、跳舞、泡吧等。

A. 非常符合　　B. 有点符合　　C. 无法确定　　D. 很不符合

20. 当公司有困难时，你会帮助公司渡过难关，而不会一门心思只想自己的退路。

A. 非常符合　　B. 有点符合　　C. 无法确定　　D. 很不符合

计分标准

选 A 得 5 分；选 B 得 3 分；选 C 得 1 分；选 D 得 0 分。

将每题所得之分相加，即得出你的总分。

自测结果

0～20 分：你很难快速融入团队。你合作意识较差，几乎没有团队精神，合作能力也很薄弱。因此，你应树立“舍弃合作，难以做大人生局面”的观念，努力学习交际的艺术。在具体的工作中，你还要注重合作能力的提高，相信不久的将来你会具有较强的合作能力。作为具有独立个性的你，在团队这个大家庭里必须融入群体中去，才能促进自身发展。

21～60 分：你能融入团队，但需要一段时间的磨合。你虽然有团队意识和团队精神，但这种意识和精神并不十分强烈。你虽然也知道团队合作的重要性，但做起来就不那么轻松了。你的团队合作能力一般，需要加强这方面的培养，要善于发现别人的长处、学习别人的优点，与人合作时更要注意方式方法；要坦诚相见、不苛求，要做到合作有“亲”有“疏”。

61～100分：你能快速融入团队。你具有很强的团队意识、团队精神和团队合作能力，你能很主动地与团队中各个成员密切配合，他们也都愿意接近你、配合你的工作。你被群体接受的程度高，你会获得更多的发展条件和机遇。这将为你以后的工作带来诸多便利。

第3章

调整心态，做做“蘑菇”又何妨

接受“失意”，方能“得意”

每一个人的职场人生都是一次艰苦的跋涉，在这条道路上，有阳光雨露，也有暴风骤雨。职场之中总是充满美好与诱惑，每个人都渴望体验成功的喜悦，不经意间“失意”却往往悄然而至。“失意”和“得意”总是相伴而生，是每个人都必须面对的人生课题。

无可否认，几乎每一个蘑菇族在刚进单位时，每天都会生活在“失意”之中，由于无法摆脱这种状态，他们在工作中总拿不出最好的表现，而是垂头丧气、郁郁寡欢。其实，每个人的职场人生都不是那么顺利的：你或许因遭遇同事排挤而每天活在钩心斗角之中，或许明明工作出色却得不到上司的青睐和器重，或许月绩效第一却评不上优秀员工的称号，或许每天对别人微笑却得不到真诚的回应，或许因工作中的一个失误而败得一塌糊涂，或许因为你的错误而给自己和公司造成无法挽回的大损失，几乎毁了你的前程……遇到这样“失意”的事情，你会怎么做呢？是萎靡不振，破罐子破摔，还是坦然接受，重整旗鼓？

人生在世，不如意事十有八九，而对蘑菇族来说更是如此。竞争激烈的职场中，不免要经受“失意”；浩瀚天地中，不免要与“失意”擦肩而过；漫漫人生路，要经历的“失意”谁也无法估计。可一时的“失意”并不代表永久的失败。林肯说过：“我成功过，我失败过，但我从未放弃过。”因此面对“失意”时，我们应坦然接受，并坚强地站起来，开始新的旅程。

下面我们看看这位法国人是如何接受“失意”，走向“得意”的。

有一个法国人，认为自己简直倒霉透了：离婚、破产、失业……他找不到自己生存的价值和人生的意义。他对自己非常失望和不满，整个人变得稀奇古怪、易怒，同时又十分脆弱。

一天，他在街头看到一个算命先生，便随意一试。算命先生看了他的手相后说："您是一个伟人，您很了不起！"

"什么？"他大吃一惊，"我是个伟人，你不是在开玩笑吧？"

算命先生平静地回答他："您知道您是谁吗？"

"我是谁？"他暗想，"我是个倒霉鬼，是个穷光蛋，是个被生活抛弃的人。"但他仍然故作镇静地问："我是谁呢？"

"您是伟人。"算命先生说，"您知道吗，您是拿破仑转世！您体内流的血、您的勇气和智慧，都是拿破仑的啊！先生，难道您真的没有发觉，您的面貌也很像拿破仑吗？"

"不会吧……"他迟疑地说，"我离婚了、破产了、失业了，我几乎无家可归……"

"那是您的过去。"算命先生说，"您的未来可不得了！如果您不相信，就不用付钱给我了。不过，五年后，您将是法国最成功的人！因为，您就是拿破仑的化身！"

他表面装作极不相信地离开了，但心里却有了一种从未有过的、美妙的感觉。

从此，他坦然接受了人生的"失意"，并对拿破仑产生了浓厚的兴趣。他设法收集与拿破仑有关的一切书籍来学习。渐渐地，他发现周围的环境开始改变了，朋友、家人、同事、老板，都换了另一种眼光、另一种表情对他。一切都开始顺利起来。后来他才领悟到，其实一切都没有变，是他自己变了：他的胆略、思维模式都在模仿拿破仑，就连走路说话都像拿破仑。

13 年以后，也就是在他 55 岁的时候，他成了亿万富翁，成了法国赫赫有名的成功人士。

以上这个故事告诉我们这样一个道理：接受“失意”，才能“得意”。面对“失意”，最重要的是要坦然接受，学会心理平衡、自我调节，并要有永不言败的信心、勇气和毅力。“失意”能使人消沉，也能使人振作。在职场中，当我们“失意”时，我们不妨平心静气地想一想为什么会“失意”、原因何在，找出症结，对症下药，乐观地、坚强地面对现实，从哪里跌倒就从哪里爬起来，这样你才能盼到“得意”之日。

无论如何，唯有保持良好的心态，才能坦然地面对所遭遇的一切。东晋山水田园诗人陶渊明官场“失意”，却能“采菊东篱下，悠然见南山”。东汉著名政治家、军事家、诗人曹操因赤壁之战使他丧失统一全中国的机会时，没有彷徨，而是以“烈士暮年，壮心不已”聊以自慰。盛唐放浪不羁的天才诗人李白“失意”时仍高歌：“人生在世不称意，明朝散发弄扁舟。”面对“失意”，他们都能从容、潇洒、心胸坦荡。伟人的一生并不都是风光的，也不是从未经历过人生的低谷，但可贵的是，在“失意”面前，他们能够愈挫愈奋，跨越一切鸿沟，寻找人生道路上新的出发点。

总之，世上壮志难酬者太多太多，世上愈挫愈奋者屡见不鲜，成功并不属于幸运者，而是属于乐观、坚强者。面对“失意”，我们要坦然处之，欣然接受！对于“失意”，我们应有的心态是不沉沦、不放弃，从失败中奋起，勇于拼搏，敢于从头再来。

做个“蘑菇”，戒掉浮躁之心

职场中，凡深隐锋芒、脚踏实地、摆脱浮躁、笃实务远者必能汲取真知，继而厚积薄发，直至平步青云。但是，也有相当一些人有志干出一番大事业、成名人名家，却在行动中骄躁狂傲、急于求成，以至于荒废了奋斗的精气神，一事无成，终成肤浅平庸之辈。

我们身边总有这样一些蘑菇族，认为自己是高才生，理应担负重任，获得极具挑战并能充分发挥自己潜力的好职位；认为是自己凭实力为公司解决了难题，理当获得嘉奖；认为能者上、平着让、庸者下，领导应该提拔青年才俊，而不应把他们压制在公司最底层……此类种种“理所应当”的想法最终为蘑菇族带来了连锁反应：工作上浮躁不安，好大喜功，无职位优越感；前途昏暗不堪，频繁跳槽，无休止的失败。

当然，背负着维持生计、成就功名且颇感精神压力的蘑菇族，他们所呈现的浮躁主要偏于：担忧自己得不到领导的认可；担忧工作进程不顺利会被扣发奖金；担忧新进后起之秀会觊觎自己的职位，等等。他们这种焦躁不安的工作心态，虽才德兼备，但由于处处小心，步步为营，最终也没能成为担当大任的核心人物，又怎谈功成名就？

其实，这些浮躁心理存在于任何工作环境中，它是一种冲动性、情绪性、盲动性互相交织的病态工作心理，不仅无法让人心平气和、脚踏实地做事，而且容易让人急功近利、盲目追求工作效率，在工作乃至生活中缺乏耐心和恒心。长此以往，容易让人变得患得患失，好高骛远，不满足自己现有的状况，给自己压力去追寻不切实际的目标。

作为拥有高智商、高学历的蘑菇族，我们不应该急躁，而应以沉稳、细心、谨慎的态度面对自己的工作。只有戒掉浮躁之心，我们才能实现自己的理想和价值。

下面我们关注一下一位金融专业高才生的职场生活。

桑文毕业于某高校金融学专业，并取得硕士学历，经过数次银行考试、复试、面试等招聘流程，最终被广州某银行聘用，成为正式在编储备干部。

银行系统新招储备干部需要经过三年左右的培训期，为的是能够让他们了解每一个岗位的职能。一开始，桑文被分配到柜台工作。日复一日的机械式工作流程，以及来自形形色色社会人员的刁难和不满，使他感到昏天暗日，为琐事所累。想着自己堂堂一个硕士整日被人折磨甚至投诉，领导也从未给予过认可，加之每月扣发奖金，他慢慢变得急躁起来，工作中也时常因疏忽而出现一些小问题，这就犯了银行系统的大忌。之后，未到柜台岗位试用期限，桑文就被提前换岗到引导员岗位。这更加重了他的患得患失感，做事越来越不沉稳，根本无法以大方得体的态度迎接顾客。最终，桑文又提前被调换为销售代表，每日劳碌奔波。桑文觉得自己美好的未来遭受到了巨大的威胁，因此，他再也无法静下心来好好工作了。他自嘲地说："什么储备干部，不过是个美丽的谎言!"

工作半年后，桑文已经换了多个岗位，都是由于内心浮躁而无法胜任工作。他对自己彻底失望了。银行领导看到桑文一直无法戒掉浮躁之心，就与他解除了劳动合同。

桑文陷入了无法回头的困境，这一切都是因为他没有及时调整好自己的浮躁心态而导致的。如果桑文起初能沉得住气，能不急躁地处理社会人员的挑剔、指责，能细心、谨慎地处理工作细节问题，能脚踏实地地工作，从基层职位中学习基本业务知识，相信他也不会被提前下调岗位，更不会被解除劳动合同。可见，浮躁之心不可小视，它是酿造祸患的强大诱因。因此，蘑菇族要想做好工作，必须戒掉浮躁之心。

那么，蘑菇族为什么会产生浮躁之心呢？下面我们从三个方面来分析一下。

表3-1　造成浮躁之心的诱因

诱因	具体内容
社会方面的诱因	在现今社会这个大环境下，金钱、名誉、地位往往是衡量一个人成功的标准，这使得很多蘑菇族竭尽所能且使用各种手段，为了获得社会的认可，他们宁可放弃安定祥和的生活，也要投入沽名钓誉者的洪流之中

续表

诱因	具体内容
企业方面的诱因	在企业竞争中，作为后起之秀的蘑菇族，想要以企业为跳板升至自己想要的高度，往往急功近利、争强好胜，却忽视了诸多细节，最终一无所获
个人方面的诱因	“浮躁”之心大多因蘑菇族个人心神不宁、焦躁不安、盲目冒险引起。他们面对急剧变化的社会，对前途毫无信心；与其他优秀人士攀比时，无法突破自我且急功近利，被狂妄轻浮、不稳重的情绪控制；面对困境，由于无法镇定自若，使得行动具有盲目性。这种浮躁心理最终使他们与失败结缘

因此，为了在职场中谋求适合自己的发展空间，成为所属行业的佼佼者，蘑菇族应当理智地对待浮躁心态。具体来说，我们可以这样做：

第一，一步一个脚印，踏踏实实工作，将理想用行动铸就起来。过多地幻想成功，以及只限于幻想缺乏行动，不能脚踏实地勤奋工作，我们往往会被迈入社会的第一步绊倒。因此，我们需要做到一步一个脚印，认真踏实地面对工作中的一切琐事。

第二，增强自信心的同时要审视自我。如果我们将自己的失败归于天时、地利、人和的缺失，静不下心来，朝秦暮楚，那么，结果就会一事无成。我们应给自己增加信心，如果我们缺乏自信，觉得自己难以面对外界的挑战和机遇，脚步来来回回变动且心神不宁，那么，我们最终就会使自己与成功绝缘。我们应该认真地审视自己，认清自己的优势和劣势，扬长避短，这是成功克服浮躁心理的必备条件。

第三，戒除沽名钓誉心理。争强好胜的攀比，最容易让人产生焦躁不安的情绪。蘑菇族总是迫切地想证明自己有多么优秀，但总是急功近利且患得患失，最终成为众矢之的，没有了发挥自己潜力的空间。我们应拥有平和的心境、沉稳的心态、过硬的实力，如此便不怕得不到领导的赏识以及同事的认可。

第四，培养平淡、坦然的生活态度。平淡不意味着不思进取，平淡是指能够平静地看待自己的荣耀和失败，坦然地面对任何变故。在这种心境中坚持自己的原则，遇到问题冷静分析，不因外界的变化而动摇，我们才能踏踏实实努力达到自己人生的巅峰。

做个“蘑菇”，消除不切实际的幻想

在职场中，不切实际的幻想永远没有实现的可能性，它只会使我们举步维艰，因为它是一颗阻碍我们事业发展的“毒瘤”。因此，规劝那些抱有不切实际幻想的蘑菇族，不要一味沉迷在不切实际的幻想中了，马上从不切实际的幻想中醒过来吧！

在职场中，我们总会看到这样的蘑菇族：他们经过十几年的寒窗苦读，经过层层面试，终于找到了一份工作，当他们带着美好的憧憬准备大显身手时，美好的憧憬却被残酷的现实击得粉碎。这也难怪，幻想和现实之间本来就是有巨大差距的。

刚踏入职场的蘑菇族对工作抱有不切实际的幻想其实也不难理解，因为他们认为自己是高校毕业生，拥有各种各样的证书，应该是所谓的“人才”，理应得到重用。可现实却是，他们被分配做“苦力”。这就会给他们当头一棒，以至于使他们产生自己到底是“人才”还是“苦力”的困惑。

其实，职场与人生是一样的，只有消除不切实际的幻想，分步到位，方能成就大事。然而，并不是所有的蘑菇族都懂得这个道理，很多蘑菇族期望拥有一份挑战与乐趣并存且薪酬丰厚的职业。而事实上，初涉职场的他们由于缺少经验、缺少对所在单位的企业文化的了解，很难被委以重任。由于无法消除不切实际的幻想，当期望与现实产生矛盾时，他们便会丧失信心，失去对工作的热情，于是工作时容易采取敷衍了事的态度。

下面我们看看董俊的职场故事。

董俊，25岁，企业管理本科毕业，大学毕业后进入一家私营企业就职，他的理想是进入世界500强公司并成为首席执行官。为此，他打算通过在这家私营企业的锻炼，提升自己的英语水平和管理能力，为实现自己的雄心壮志做准备。

可是，到了工作岗位后，公司却安排董俊做起了销售方面的工作。董俊认为，这与他自己的个人目标和事业憧憬相去甚远。另外，他觉得，以他的专业和文凭，他理应得到重用，可是，单位领导却没有重用他。于是，他对此十分失望，每天垂头丧气的。不久，他便开始对工作心不在焉，敷衍了事，还会在工作时间看一些关于英语和管理方面的书籍，把时间和精力主要集中在个人目标的努力上。由于阅历不深，董俊还经常在同事面前炫耀自己的个人目标和职业理想，并说自己离进入世界500强企业不远了。

后来，上司知道了董俊的想法后，一些比较核心的工作都不再交给他了，在培训和福利方面，他也总被安排在后面。由于被日渐忽视，董俊终于无法忍受下去，离开了公司。

在现实面前，董俊并没有意识到，此时他的理想已经是不切实际的幻想了。他是一名蘑菇族，连锻炼和成长的机会都没有，又何来发展呢？其实，像董俊这样的情况，在刚刚参加工作的蘑菇族身上时常发生。他们的个人目标往往过于远大，有的只能用幻想来形容。他们不熟悉社会评价体系，毕业时总是雄心勃勃地想大干一番，认为凭借自己的学识水平能得到较好的职位、较高的薪酬。可进入职场后却傻眼了，盘旋在脑海中的只有一个问题："为什么会是这样？"接着就是对工作失去信心和激情，要么不认真对待工作，把工作搞得一团糟；要么就是主动离职；要么就是被人辞退。

要知道，所有不切实际的幻想都是空中楼阁，都是不着边际的空想。它会令你烦躁不安，干扰你的工作，影响你的前途。因此，对于蘑菇族而言，刚参加工作时消除不切实际的幻想是很有必要的。

那么，蘑菇族如何才能消除不切实际的幻想呢？以下几点建议可供参考。

第一，承认幻想和现实之间的差距。“想得太多，做得太少，整天烦恼”，这几乎是每一个蘑菇族的通病。幻想本来就是违背客观规律的，是不可能实现的，是荒谬的想法或希望。只有承认幻想和现实之间的差距，蘑菇族才能静下心来，以本分的心态老老实实做人，踏踏实实做事，才能得到上司的认可和器重。

第二，接受“蘑菇”现实，积极应对工作。“蘑菇”是我们逃不掉的“劫”，既然如此，我们何不积极地去接受现实呢？如果我们能够接受现实，积极应对工作，那么，我们就能把工作做好，让领导发现自己、重视自己。

第三，降低对自己的期望值。许多蘑菇族对自己的期望太高，把自己的抱负、目标定得过高，根本实现不了，于是，他们心里很不是滋味，终日烦恼，无心工作。为了保持心理平衡，我们应该把期望值锁定在自己的能力范围之内。这样才更加实际。

第四，以企业目标为主，认真踏实做事。在个人目标与企业目标冲突较大时，蘑菇族正确的做法应是，以企业目标为主，认真踏实做事。这样不仅能够得到企业的认可，获得核心工作；而且还能得到锻炼，学到更多的经验，这样，企业才可能赋予你更多的机会，你才能为实现理想打好基础。

做“蘑菇”就要甘愿当配角

俗话说：“红花虽好，还需绿叶扶持。”没有绿叶，便开不出红花；有了红花，绿叶才显得更可爱。其实配角就是扶持主角的“绿叶”，主配角相互辉映才是一台好戏。

谁都知道，蘑菇族在职场中一开始就得扮演配角这个角色。而这是诸多蘑菇族最不甘心的事，因为他们认为自己有才华、有能力、有学识……岂能“低人一等”？

人们常说：“家有千口，主事一人。”在职场中工作总是有主有从。如果处在从的位置上，你会如何做呢？很多身为配角的蘑菇族都会处理不好。处理不好会怎么样呢？想必大家都记得陈佩斯和朱时茂演过的一个小品——《主角与配角》。朱时茂演八路军，是主角；陈佩斯演叛徒，是配角。小品中的陈佩斯因不甘心当配角，结果闹出了一连串的笑话来。

在职场中，类似《主角与配角》的事情太多了。有人做主角，就得有人做配角。然而，主角很少想做配角，配角却总想做主角。甘心当配角不是一件容易的事情，很多优秀的蘑菇族都会对此不屑一顾。但为什么不试想一下，人生的每一段路，恰恰都是从配角甚至“跑龙套”开始的。处在配角的位置上，人也能发挥自己的才能。

在工作中不能没有主角，但配角也必不可少，而且从某种意义上说，离开配角，主角也演不下去了。足见配角的重要性。配角不是天使，却胜似天使，当好配角，你同样精彩！

曾在NBA叱咤风云的乔丹就是一位甘愿当配角的伟大人物。

提到迈克尔·乔丹，几乎没有人不知道他曾是NBA最伟大的球员。

而乔丹之所以伟大，不仅仅是因为他有高超的技术，能成为篮球场上的领军人物，更为重要的是，在赛场上，只要为了团队的胜利，他都能付出任何不求回报的牺牲。当很多球员在想着怎样争取更多上场的时间、怎样得分、怎样的动作才能吸引观众的注意并成为媒体的焦点时，乔丹却可以放下巨人的架子和最伟大球员的尊严，甘当配角，去助攻，去帮助队友防守，而不是只求个人的突出表现。乔丹这种为了大局而甘当配角的态度深深感染了队友。因此，罗德曼能毫无怨言地做“苦工”，不再闹对立情绪；哈帕、库科奇也能放下“架子”，主动帮助队友，使队友获得更多出彩的机会，而自己则甘愿当他们的“梯子”。

我们不妨假设一下，如果乔丹等人不能甘当配角，在球场上只顾表现自己，那么，芝加哥公牛队还会成为 NBA 最伟大的球队吗？绝对不能！乔丹能成为最伟大的球员吗？也不能！所以，我们可以这样断言：甘愿当配角，从表面上看自己是遭受损失了，但是从更深层次来看，当配角的人也同样是赢家，因为你的谦让、你的付出，使整个团队获得更大的成功和精彩，而团队的成功和精彩也意味着个人的成功和精彩。

其实，在职场中，很多情况下都要求我们甘当配角。因此，无论从事任何工作，蘑菇族都要有足够的心理准备去当配角，这是一种谦虚、豁达的态度。只有当好配角，你才能从主角那里学到许多东西，也才能让主角尽心地传授工作经验。

一个蘑菇族，无论你多么强大，多么有能力，你都不可能在没有外援的情况下，独立实现你的全部目标，你需要来自别人的配合和支持，你不可能永远脱离他们。如果没有别人的协助和帮助，谁都无法获得长久的成功。更为关键的是，如果你不顾大局，从来都不愿当配角，那么别人也会如此“回报”你，你当“主角”的机会也就会变得遥遥无期了。

当然，配角也不是那么好当的，当好配角，也要练就一个好胆量才行。在你成为一个主角之前，先当好配角，无疑是很有益处的。在做配角时，要多学一点儿，多留意一下，积累经验。等到上司发现你可以委以重任时，自然会放心地擢升你为主角。而对于这时的你来说，一定能够从容且自信地胜任主角这一角色的。

总之，每一个蘑菇族都要甘心今天配角的角色，认真配合别人的工作，因为明天你可能成为主角。你今天做好了配角，明天别人才会为你做好配角。

愁眉不展，没人喜欢你

时下，由于工作中经常遭受挫折和失败，一些涉世不深的蘑菇族很容易将苦闷和烦恼表露出来，用愁眉不展的状态面对工作。这样的员工非但得不到领导的认可，也得不到同事的支持。因此，愁眉不展便成了阻碍他们个人发展的拦路虎。

我们看到，怀着美好憧憬的蘑菇族一开始就被安置在不起眼的地方开始历练，这虽不及红军两万五千里长征那样艰苦，但也要面临重大的压力和挑战。同学或朋友出国深造、进入外企、挤入全球500强、自主创业等，让没有背景且属平凡大众的蘑菇族羡慕不已。曾经美好的职业幻想和微薄的工资待遇形成鲜明的对比，现实的卑微工作摧毁了家人的殷切期望。

蘑菇族在诸如这样的境况下心事重重、愁眉不展也就不难理解了。他们怀疑自己选择的行业及单位是否正确；他们不满于无休止的加班和不合理的待遇；他们不屑于部门间的明争暗斗。与此同时，他们也急切期望能得到上司的认可和重用，得到家人的支持和谅解。诸多心理负担最终使蘑菇族失去了昔日的笑容，每天眉头紧锁地工作着。

如果你每天都是心事重重的样子，忧愁而双眉紧锁，不久你便会发现，你身边的同事离你越来越远，你的上司越来越不重视你，你越来越做不好工作。为什么会这样呢？一是大家都不喜欢愁眉不展的人，二是愁眉不展会影响工作心情。

下面我们来看一个例子。

史宣被大家称为不是“富二代”的“富二代”，家里仅是一般生活水准，但父母却不顾辛酸劳苦，硬是让他吃、穿、用都是高档次的，上名牌大学。毕业后，史宣顺利通过考核应聘到一家上市公司，虽属小职员，但领导允诺能够为其提供很大的升职空间。

像其他80后一样，史宣开始购房、买车、结婚，同事们大多开始眼红他，议论纷纷。然而，过多的资金消耗，让父母难以再支撑，压力逐步转移到史宣身上，每月微薄的薪水供房、供车后所剩无几，愁云不自觉地就爬上了史宣的眉梢。由于压力大、心事重，史宣经常忽视同事们友好的问候。大家在背后都说他太过高傲，不就是有房有车吗？有本事全付啊，还月供！史宣感到大家在慢慢地对自己冷漠，也曾反思自己是不是做错了什么，但他没有去和大家沟通交流，更多的是陷入自己关于金钱的困扰之中。

在数次方案研讨会、月总结会议上，史宣本想积极发言，但一不留神就开始思索怎么才能挣更多的钱，当他准备过后再想这个问题的时候，往往会议都结束了。

之后，史宣很少被通知参加研讨会，这让他愤恨不已，并主动去找领导谈话，领导一句话说得史宣哑口无言：“我们不需要一个没有价值的员工，也不需要看一个员工的脸色做事。我们得重新考虑对你的工作安排。”

以上事例中，可以说，领导对史宣的否定是因为误会，大家对史宣的冷漠也是因为对史宣的不了解。但是，我们知道，这些皆是因为史宣的愁眉不展和心事重重造成的，他没有向大家展示温馨而热情的笑容，每天一副苦瓜脸，怎么能让大家喜欢他？

无可否认，蘑菇族在工作和生活中总会遇到一些挫折和不如意，渐渐地，他们心里的烦闷多了，脸上的笑容少了。可是，每天眉头紧锁，谁会喜欢你呢？大家还以为你在摆脸色呢。因此，蘑菇族在工作中一定要预防“掉脸色”这样的事情，以免阻碍自己的职业发展。

那么，蘑菇族为什么会愁眉不展？下面我们来剖析一下原因及影响。

表 3－2　形成愁眉不展工作心态的原因及影响

<table>
<tr><th>表现</th><th>形成原因</th><th>具体影响</th></tr>
<tr><td>无助</td><td>1. 自尊心较强，不善于表达及沟通
2. 往往自己承担所有压力</td><td rowspan="6">1. 家庭生活不和谐，助长坏脾气
2. 工作状态不佳，容易出现疏忽，在工作中容易出现不大不小的失误，影响个人发展
3. 容易被团队孤立，升职无望
4. 易形成精神忧郁症，耗费时间精力调整</td></tr>
<tr><td>无望</td><td>1. 总感觉工作生活一团糟，压力颇大
2. 没有发挥出自我价值，前途一片渺茫</td></tr>
<tr><td>幻想</td><td>1. 总设想明天会更好，而忽视现在
2. 总设置假想敌，认为自己孤助无援</td></tr>
<tr><td>抱怨</td><td>1. 不满于生活的平淡和艰苦
2. 不满于长期的加班和微薄的薪水</td></tr>
<tr><td>情绪乱</td><td>1. 脾气容易暴躁
2. 喜欢用发泄的方式调节心情</td></tr>
<tr><td>精神差</td><td>1. 长期因压力而睡眠不足
2. 易发呆或开小差</td></tr>
</table>

为了避免上述表格中描述的愁眉不展的消极影响，蘑菇族必须预防、戒除“掉脸色”这样的坏习惯，用清新自然的微笑代替愁眉不展，为自己的美好未来做好充分的准备。

那么，蘑菇族如何才能改变愁眉不展的自己呢？这就要求我们做到以下几点：

第一，适时调节情绪。快乐的心态能使人体神经系统的兴奋水平处于最佳状态，我们不妨给自己开一张“快乐处方”。苦难的困境，不是用愁眉紧锁就能化解得了的，“掉脸色”也只能透露自己的软弱，增加大家对自己的厌恶、逃避，不如用微笑来战胜它。可以选择每日早上出门前对着镜子大笑几声，并告诉自己：“我很美，我是最棒的！”

第二，保持心平气和。传统医学认为，百病生于气，怒则气上，喜则气缓，悲则气消，恐则气下，惊则气乱，劳则气耗，思则气结，然而，和则气顺。这就要求我们凡事要往好处想、往宽处想，做到心平气和。郑板桥说得好：“难得糊涂。”是啊，我们若能以开阔、弹性的角度来看待工作上的不如意，那么，即使是危机我们也能微笑处之，将之变成转机。

第三，寻求减压方法。随着压力的逐渐增大，你脸上的笑容可能也会越来越少。压力是现代人难以避免的，蘑菇族应学会给自己减压，通过恰当的途径释放压力，如旅游、聚会、唱歌、跳舞等，不仅能宣泄心情，也能使自己笑容满面。

第四，积极参加运动。当你有烦心事时，当你不快乐时，当你在职场不如意时，运动一下就可以转移注意力。我们可以用运动中的极限耐力来征服自己，告诉自己“没什么大不了，我要争做智者”，充分用自己的智慧和能力化解困境，愁眉不展就会远离我们。

第五，试着享受工作的乐趣。大作家歌德说：“如果工作是一种乐趣，人生就是天堂。”其实人生的乐趣就在于工作，人生最大的价值就是对自己所从事的工作充满乐趣。试着享受工作的乐趣，工作起来就会愉快；而把工作当成一种负担，工作起来就会痛苦不堪。

总想着跳槽要不得

频繁跳槽是一种很不理智的行为。一名职员，如果一味地想着换工作，却不反思自己的工作态度，结果只会使其陷入更恶劣的工作环境中。因此，跳槽前最好先自我反省一下，也许你会发现，转换对工作的态度与认知，可能才是解决问题的最好办法。

频繁跳槽，是蘑菇族这一群体最突出的职业病，也是他们最典型的特征。每个人的职场生涯都不可能是顺风顺水的，可是，很多蘑菇族都认识不到这一点，他们总认为下一份工作会更好，而从不去反省自己的敬业精神和忠诚度。对于他们来说，似乎一切问题都能通过“转移阵地”来解决，所以一旦遭遇挫折，他们脑海中闪现的第一个念头就是“另觅新枝”。事实上，如果找不出问题的症结所在，仅“另起炉灶”是无济于事的，它只会使你落入旧套。

频繁跳槽不仅会浪费个人的时间和精力，一定程度上还会影响其发展、收入和人脉的建立。试想一下，一年若更换 4 次工作，那么你在这一年间就会一直处于试用期，没增加薪水，没结交到行业精英，错过了升职的最佳机会，丢失了企业所看重的员工忠诚度。相反，稳定于一个行业、一个企业发展的人，在一年间不但能转正、签订劳动合同，而且还能赢得企业的认可并成为重点培养对象，升职空间可谓无可限量。

尽管如此，但总有一些蘑菇职员义无反顾地选择跳槽，理由为：寻求与自我发展方向相一致的企业，寻求更具挑战性的新领域新职位，寻求获得更高薪酬的企业，寻求能让自己感觉舒适的工作环境……通过跳槽真的能获得自我满足和想要的发展空间吗？

下面，我们来看一个例子。

徐志毕业于某工商管理学院，毕业后轻松进入一家服装企业做销售。他曾听人说，要先就业后择业，不要把自己限制得太死，应该尝试不同的行业和岗位，寻找跳板，从而获取更适合自己的工作。上班没多久，徐志开始认为销售行业是没有技术含量的工种，任何人都能做，他要求自己强于一般人，所以在工作三个月后匆匆离职。

由于专业限制，心高气傲的徐志在接下来的求职中并没有发现自己真正喜欢的工作领域和职位，频繁更换了两个工作，最终通过家人关系到一家大公司做经理助理。与其他同学相比，徐志得到了别人需要两年努力才能得到的工作岗位，所以，他特别珍惜这次机会，努力发挥出所学专业的优势，强化公司的系统管理，且以认真、严谨的工作态度和高效的工作能力深得上司赏识，并成为公司不可或缺的骨干。

后来，在一位朋友的引荐下，徐志认识了一个家族服装企业的老板。对方很诚恳地邀请他过去担任公司经理，并许以高薪。突如其来的邀请让徐志兴奋不已，他相信凭借自己的能力肯定可以胜任经理一职。于是，徐志不顾家人的反对和原公司领导的真诚挽留，毅然选择了跳槽。之后，徐志想根据自己的行业经验对部门进行规划，努力建立像以前公司一样的精英团队。但令徐志没想到的是，他虽然担着经理的头衔，但并没什么实权。家族企业的股东们对他戒心很重，处处限制他，生怕他成为绊脚石。被冷落的徐志并没有机会发挥自己的能力，业绩也没有明显的提升，老板更没有像承诺的那样给他加薪。

徐志后悔不已，想一走了之，但又怕再遇到这样的私企。他也知道自己只是雏鹰，无法达到国企、外企针对管理人员的要求。因此，徐志陷入了困境，只能走一步看一步。

以上事例中的徐志本可以通过第一家大公司好好锻炼自己，积累自己的行业经验和人脉资源，可惜，他却被眼前的利益冲昏了头脑，选择了捷径，并被高薪所诱惑，结果付出了不小的代价，也让自己陷入了困境。

事实上，你若不是某个行业中早已被证明的拔尖人才，是不会有哪个老板在你一进入公司时就给你高职位和高薪水的。老板提拔一个人，总是会经过较长一段时间的考察，不是他不愿意提拔，而是他不愿意冒险提拔一个不了解的人，一旦提拔错了，对被提拔者来说是痛苦，对公司而言更意味着损失。然而，不少蘑菇族还是这山望着那山高。他们也许能把自己“卖”个好价钱，但跳槽的人往往是越跳越惨，而不跳槽的人却越爬越高。

当然，如果你久居某单位数年，加薪、晋升却实在无望，那就跳槽吧，为拿更高的报酬、为了获得更好的发展空间而跳槽也不算罪过。可是，蘑菇族刚刚在职场立足，还未站稳脚跟就频繁跳槽是不值得提倡的。尤其是在不考虑自己是否准备好了适应新的工作环境、人际关系，是否扩大了自己的发展空间，是否能充分发挥自己的背景优势，是否能维护自己的“员工忠诚度”的情况下，就更不应该频繁跳槽了。

那么，作为跳槽“主力军”，蘑菇族如何才能阻止自己频繁跳槽呢?这需要我们做到两点：

第一，找出原因，及时沟通，打开心结。不要常常把心事藏起来，想跳槽之前，要好好反思一下，找出想跳槽的原因，并主动与老板或上司沟通，或许这可以帮你打开心结。比如，对薪酬不满时，对行业前景及公司未来感到不安，老板或上司对自己的能力未肯定，不知道自己到底适合什么样的工作，重复性工作日益倦怠，没有发展空间……你都可以主动与老板或上司进行沟通，直到自己完全搞明白为止。

第二，变换对工作的认知与态度。你也许会在工作不如意的时候，不懂得追根究底，找出自己真正面临的问题或原因，而期待环境或他人能为自己改变。当期待一落空，心中自然会产生失望与无助，这就会影响你的心态，并打击你继续工作的意愿，进而使你想要换工作。事实上，换工作并不是你的初衷和目的，你只是想做一份自认为比较理想的工作而已。因此，工作不如意时，你应学着去变换对待工作的认知与态度，而不是靠跳槽来解决问题。

学会等待，你会有出头之日

幼鸟自出生到自由飞翔需要一个漫长的过程，只有等到羽翼丰满、经历了无数次练习飞翔后，它才能划破长空、一飞冲天。对于刚离开校园的蘑菇族来说，等待是一种智慧，需要细细琢磨并付诸实践。在职业生涯中，一味地寻求不如安静地等待出头之日。

现实中，多数蘑菇族都曾为自己设计过职业发展规划，但却在工作中未等到发展机遇就知难而退了：难以完成公司规定的业绩、难以融入团队、难以发挥自己的实力、难以和身边的人搞好关系，等等。这些主观、客观因素使得大部分蘑菇族不能静下心来好好工作，这也是他们选择放弃的借口。只有少数蘑菇族能在一份工作中持之以恒，这也就形成了“成功之人仅为少数”的普遍现象。这就告诉我们：学会等待，你才会有出头之日。

我们都知道，越王勾践在兵败之后，忍辱负重，卧薪尝胆，最终迎来了“三千越甲可吞吴”的胜利。如果他没有选择在漫长的艰苦等待中积蓄力量，而是苟且偷生，隐姓埋名于深山，他也许会过着安逸的生活，但却会被历史长河所吞没，也更无胜利之说。

所以，我们要学会等待。在等待过程中，你的心理会发生变化，客观环境和条件也会发生变化。等待，是一种韧性的战斗，是一种永不言败的策略，是战胜人生危难和险恶的有力武器。我们在工作中缺失的“等待”，恰巧是奠定自我强大的基石。多一份等待，就会多一个自我反思的机会。身为蘑菇族，只有懂得在等待中积蓄力量，奋发图强，我们才能在未来的某一天搏击长空。

下面我们来看看尹勇是怎样在等待中慢慢发展的。

尹勇毕业于国内某名牌大学，在未完成毕业论文答辩时就被一家集体企业挑中，成为其重点培养对象。一心奋发图强的尹勇也决心要为企业设计更好的新产品。不幸的是，在尹勇还没来得及设计出能让自己引以为豪的作品时，这家企业便由于产品老化、市场紧缩，加之管理不善、内部矛盾重重、部门间互相推诿责任等，而逐步濒临倒闭了。

同期入职的大学生们静观了一阵子，发现没有融资的机会、没有新产品来重新开拓市场，且企业管理已成一盘散沙，所以，除一批元老级人物外，大多纷纷离去。

这让尹勇感慨不已，他认真考虑了几个问题：集体企业在某些层面上可以申请地方保护；元老级领导正在积极想办法；自己研发的新产品应该能进驻市场；自己在校期间所学的工商管理相关知识也可以趁此机会历练一下。重新整理了一下思绪，尹勇选择了等待，且义无反顾地留了下来。他每月只拿几百元的基本工资，吃睡在工厂里，没日没夜地为企业设计和开发市场上适销对路的新产品。同时，他积极组建销售团队，并将自己所学的销售技能无偿地教给大家，也提出很多解决企业内部纠纷的合理化建议，增强了企业的凝聚力。

半年后，该企业终于恢复了生机，并日益发展壮大。尹勇作为功臣被提为部门主管。

以上事例中，尹勇在困境中选择了等待，在等待中积蓄力量，最终为自己赢得了机会。可以说，正是因为他懂得耐心等待，才有了后来的出头之日。可见，等待是一种必备的积极心态，我们可以在等待中磨炼自己的毅力，在等待中发现机遇，打破困境。

等待是一种智慧，是一种委曲求全的心态，也是激发自身潜力的必经过程。企业总是欢迎那些有能力、有耐性、有品德且能与企业共谋发展的员工。如果因为自己被考核的时间过长，或是公司答应的薪资调整过慢，更或者拦在自己职业发展道路上的优秀人才过多等，而选择放弃等待，那么，我们就可能一次又一次地错失良机。

因此，我们应以积极的心态去看待职场中的等待，也必须凭借自己的睿智在等待中提升自身的力量，以便在风起时能随风而舞。这就要求我们认真做到以下几点：

第一，在等待中韬光养晦。不要枉费了等待中的空闲时间，我们应根据社会、企业的发展去学习更新、更深层的专业知识和管理技能。自我强大的同时，切忌急于表现自己。每个新员工都有各自被考核的阶段和方式，急功近利会适得其反，会招致其他员工嫉妒和排挤。我们应懂得在需要表现自己能力的时候再积极地表现。

第二，在等待中静心寻找问题点。同时陷入困境的两名员工，一个急于突破困境，简单地试了几种方法去解决问题，无果后开始埋怨：早知如此，我绝不会留在这里，浪费了我这么多时间。而另外一名员工则选择重新梳理造成困境的缘由，选择合理的方式解决问题，最终获得了成功。这就应了那句话——欲速则不达。蘑菇族如果想出人头地，就要懂得在等待中静心寻找问题点，并积极寻找机遇为自己谋求发展空间。

第三，在等待中坚守自己的目标方向。我们知道，蘑菇族都是有学识、有发展潜力的优秀人才，而且大多具备专业的知识技能，所以，他们在获得入职机会后，无论如何要坚守自己正确的目标方向，切忌因为没有在短期之内获得自己的期许而选择放弃。要知道，等待所花去的时间累加起来已足够让我们在第一份工作中成功转型。

第四，在等待中积极乐观地做事。不可否认，漫长的职场等待生涯会消磨一些蘑菇族的工作热情和斗志，使其丢掉原有的理想规划。你如果能坚持以积极乐观的心态面对工作并解决工作难题，那么，你将会潜移默化地影响身边的同事和团队，并成为大家关注的焦点，这在某个层面上也可以起到的核心作用，你被领导关注和提拔也就指日可待了。

做好“蘑菇”，铺平进阶道路

任何人在成长过程中都会经历苦难与挫折。无法战胜苦难与挫折的人，就必须忍受生活的平庸；相反，则能为成功铺平道路，走向卓越。

那些刚入职不久的蘑菇族总是业绩不多，抱怨不少。他们每天牢骚满腹，抱怨自己不被重用，抱怨工作任务安排不合理，抱怨公司薪酬及奖金设置不公平，抱怨领导对自己有成见，抱怨同事对自己不热心……总之，不是抱怨自己的职务、待遇和环境，就是抱怨自己的领导或同事。因为抱怨，他们对工作总是抱着玩世不恭的态度，因此，连端茶倒水、跑腿送报这种最简单的工作也做不好。

其实，抱怨只会动摇你的思想，使你产生敷衍了事去应付工作的心理，进而会使你在职业道路上越走越窄，甚至会造成你被迫辞职的现象。而只有摈弃抱怨，安心做好"蘑菇"，你才能做好自己的工作，才能为自己的未来铺平迈向成功的道路。

惠普公司董事长兼首席执行官卡莉·费奥瑞纳女士是全球第一位女CEO。事实上，卡莉·费奥瑞纳刚开始工作的时候，也曾做过一些不起眼的简单工作。

卡莉·费奥瑞纳从斯坦福大学法学院毕业后，做的第一份工作是一家地产公司的电话接线员，她每天的工作就是接电话、打字、复印、收发文件、整理文件等杂活儿。虽然父母和亲朋好友对她的工作感到不满意，但她却没有任何怨言，继续努力工作和学习。她好像时刻都有用不完的劲儿，她怀着高度的敬业之心做事，每天都会有所进步。由于在做好本职工作的同时，又学到了更多的专业知识和技能，因此，她终于引起了公司的重视。

有一天，公司的几个经纪人认为卡莉·费奥瑞纳不应该被那些烦琐的接线工作耽误前程，他们问她是否愿意做些别的什么。于是，她得到了一次撰写文稿的机会。就是那一刻，就是那一个举措，她得到了一次改变人生的机会。

卡莉·费奥瑞纳的事例告诉我们，成功并不是一跨入公司的门槛就能获得的，而是通过从"蘑菇"做起，一点点铺平进阶道路才获得的。作为一名蘑菇族，要想谋取高位，获得成功，就必须做好眼前的工作，一点一点地积累经验，慢慢成长、发展、壮大。

试想，如果蘑菇族连一名普通员工都做不好，那么，他怎么会获得提升的机会？如果蘑菇族连基本工作都做不好，那么，他怎么能够取得更大的成功？只有全身心投入职场中，做好“蘑菇”，做好工作，蘑菇族才能为自己铺平进阶之道，获得诸多机遇。

那么，蘑菇族怎样才能做好“蘑菇”，铺平进阶道路呢？这需要我们做到以下几点：

第一，少抱怨，多感恩。抱怨不能解决任何问题，也不能让你成为受欢迎的员工，相反，它会严重阻碍你的发展。是的，谁都做不到从不抱怨，但我们应该让自己少一些无谓的抱怨，带着感恩的心投入工作。只有不再抱怨，你才能更快乐地工作；只有懂得感恩，你才能创造更好的成绩，才能让自己受益匪浅。

第二，每天进步一点点。每一个老板都不喜欢不思进取的员工，如果你想获得老板的青睐，你就应该每天都有所进步。那些不思进取，总是原地踏步的员工，无论何时都没有资格获得青睐和重用。俗话说：“每天一小步，十天一大步”，让自己每天进步一点点，日积月累，你就能登上成功的顶峰。到那时，你的领导一定会认可你、重用你的。

第三，以敬业的心态对待工作。一位伟人曾这样说：“敬业为立业之本，不敬业者终将一事无成。”敬业是成功的第一要素，是成功的基石。因此，无论做什么工作，在什么岗位，刚步入职场的蘑菇族都应怀着一颗敬业的心，兢兢业业、全力以赴地完成工作。

第四，时刻注入工作激情。激情，是一种饱满的精神状态，是一种积极的工作态度。工作激情是工作能力的前提和基础。工作激情可以促进工作能力的提高。一个人能否满怀激情地对待自己的工作，对其事业的成败有着至关重要的作用。有了工作激情，才会收获丰富的工作成果，才能证明工作能力；没有工作激情，成天混日子，最后只会日渐消沉。

第五，表达对企业的忠诚。忠诚是所有员工在企业存活的土壤，更是企业赖以竞争的盾牌。企业需要忠诚的员工，老板需要忠诚的下属，忠诚往往能使你意外地得到老板奖赏。当你真正表现出你不仅是人才，而且是忠诚于老板、忠心于企业的人才时，老板才会更放心地在你身上花费更多的心思，此时你想进一步发展不就水到渠成了吗？

测一测 你做好做“蘑菇”的准备了吗

在工作中，蘑菇族经常会遇到各种各样的问题，面对这些问题时，不同的人有不同的心态。心态的好坏直接影响着我们的精神状态，进而影响着我们的工作和工作效率等诸多方面。作为一名职场新人，蘑菇族应该尽可能地调整好自己的心态，并最大限度地发挥自身的能力，从而为日后事业的成功打下坚实而牢固的基础。

你现在的心态如何？你做好做“蘑菇”的心理准备了吗？自测一下你就知道了。

1. 对于职场中的“失意”，我都能坦然接受，并坚强地站起来，开始新的旅程。

A. 是的　　B. 不是

2. 步入职场不久，我就努力戒掉了自己以前的浮躁之心。

A. 是的　　B. 不是

3. 工作中即使遇到不满意的事情，我也不会心神不宁、焦躁不安。

A. 是的　　B. 不是

4. 我不是那种急功近利的人，也很少被狂妄轻浮、不稳重的情绪控制。

A. 是的　　B. 不是

5. 我能在社会环境中明确自己的位置，将理想用行动铸就起来。

A. 是的　　B. 不是

6. 我拥有平和的心境、沉稳的心态、不怕无名无誉。

A. 是的　　B. 不是

7. 尽管我学历高、专业知识丰富、工作能力强，但我对自己从不抱有不切实际的幻想。

A. 是的　　　　B. 不是

8. 对于初入职场时的“勤杂工”角色，我总是毫无怨言，很乐意地做些琐碎的事。

A. 是的　　　　B. 不是

9. 我喜欢做配角，因为我知道，一切成功往往都是从“跑龙套”开始的。

A. 是的　　　　B. 不是

10. 别人是主角，我被要求协助主角完成任务，我也不会生气。

A. 是的　　　　B. 不是

11. 如果有困难的工作要做，我希望能够分配给我。

A. 是的　　　　B. 不是

12. 我认为把工作做好是重要的，即使这样做并不能讨上司的欢心。

A. 是的　　　　B. 不是

13. 面临我所不能克服的难题时，我会感到非常兴奋、快乐。

A. 是的　　　　B. 不是

14. 我极少有愁眉不展的时候，即使工作上遇到不顺利的事情。

A. 是的　　　　B. 不是

15. 我是个积极向上的人，即使在夹缝中我也会努力求上进、求生存。

A. 是的　　　　B. 不是

16. 频繁跳槽的事永远都不会发生在我身上，因为我觉得那是极不理智的做法。

A. 是的　　　　B. 不是

17. 我能够忍辱负重，卧薪尝胆，默默地积蓄力量，然后安静地等待出头之日。

A. 是的　　　　B. 不是

18. 我从不抱怨工作，我很感激公司给我的发展机会。

A. 是的　　　　B. 不是

19. 我会让自己每天都有所进步。

A. 是的　　　　B. 不是

20. 我不但是个敬业的员工，还是个忠诚于企业和老板的员工。

A. 是的　　　　B. 不是

计分标准

选 A 得 1 分；选 B 得 0 分。

将每题所得之分相加，即得出你的总分。

自测结果

0~10 分：很抱歉！你还没有做好做“蘑菇”的心理准备。你还没有把自己的心态调到最佳状态。你很难接受职场中的“失意”，也很不满意目前的配角角色。你还没有戒掉自己的浮躁之心，对于自己，你尚未消除不切实际的幻想。你总是心事重重且愁眉不展，遇到一点儿不顺心的事情就消极怠工。你不懂得等待的真谛，总想着换份工作就能改变现在的处境。你连一名普通的职员都做不好，更不要说晋升了。因此，你需要调整心态，改变自己。

11~20 分：恭喜你！你已经做好了做“蘑菇”的心理准备。你已经把自己的心态调到了最佳状态。你总能接受职场中的“失意”，也很甘心做配角。你已经戒掉了自己的浮躁之心，对于自己，你已经没有了不切实际的幻想。你很少有愁眉不展的时候，即使遇到不顺心的事，也会积极面对。你善于等待，也懂得在等待中厚积薄发。你是个理智的人，频繁跳槽的事情绝不会在你身上发生。你能摈弃抱怨，安心地做一朵好“蘑菇”。因此，你的前途会一片光明，相信不久的将来你就会引起领导的重视和提拔。

第4章

自强、自信——“蘑菇”成长的法宝

天行健，君子以自强不息

现代企业常以自强不息作为内训，要求每一名员工在认真、勤奋工作的同时，还要不断学习，经受历练，提高自身价值，以实现自己和企业的双赢。如果我们无法做到自强不息，那么，我们将会被能者、强者远远地甩在后面，无法在职场中生存下去。

在我们身边，总有这样一些蘑菇族，在过关斩将成功应聘入职后，忙于享受胜利的喜悦，攀比就职企业的强弱，抱负和理想还在，只是被安定的工作、生活压制在心底最深处。企业偶尔的动荡会引起他们短暂的不安，他们鼓励自己要加强学习，不然早晚会被淘汰出局，但动荡及困境过后，一切又恢复了原样；还有一些蘑菇族发现自己难以完成公司规定的工作项目，努力一番后仍是无果，为了维护高才生的尊严，也为了避免被炒鱿鱼，就十万火急地去另寻出路。

在长达数年的受教育过程中，我们懂得：天行健，君子以自强不息。成功不是机遇的恩赐，而是奋斗后的收获。在职场中，自强不息才能使我们拥有凸显才能的资本，自强不息才能使我们在逆境中更为强大。这些道理我们都能铭记在心中，为什么却在工作中做不到努力向上、自强不息呢？要知道，现实职场当中，那些拥有自强不息品格的人大多都会在工作中奋发图强、坚持不懈，无论是荆棘坎坷，还是艰难险阻，他们都会永不止步、永不放弃。

当然，会有蘑菇族这样解释：想要成功很难，有一份稳定的工作已经很不容易，心太高的话会被排挤；公司竞争太厉害，高人、能人数不胜数，我再努力也无法达到人家的水准；企业的高管都是需要用时间去

“耗取”的，我只要做好自己的工作，N年后凭借老员工的身份及资历定能跻身高层。可以说，他们都是因为贪图安逸，选择了停止奋斗的脚步，这就意味着他们离成功更加遥远。而唯有那些自强不息的人才能攀登上人生的最高峰。

下面我们来看看马涛自强不息的奋斗史。

马涛是土生土长的80后农村大学生，从小学到高中，他经历了一路艰辛：帮母亲捡塑料瓶卖钱，帮父亲下地干活儿。然而，家境的贫寒并没有磨灭他求学的欲望。

马涛的大学生活充满了坎坷，但也颇为充实，他顶住了同学们的耻笑坚持捡饮料瓶、发传单、当家教、兼职销售，以赚取生活费和学费；在学好自己的信息管理和信息系统专业的同时，他发疯似的学习英语和计算机技能，因为他记住了一位老师的话：不会说英语、不会用电脑将是21世纪的文盲。在兼职过程中，马涛逐渐发现，要想在毕业后成功应聘，经验和能力不可或缺，但也要选准职业发展方向。马涛自此开始将部分精力放在学习管理专业上，以提高自己的综合素质，并试着考取与自己专业有关的助理信用管理师证书。

毕业后，马涛凭借国家本科学历、六级英语证书、三级计算机证书、助理信用管理师证书及销售经验，成功入职到一家中法合资的金融公司做售后服务。在工作以及竞争压力下，仍有让马涛兴奋不已的事情：他发现自己可以自由地用英语和法国人对话，可以帮助同事解决计算机应用中的难题，也可以为公司提供催款、催债的有效方法。

此后，马涛凭借自己的努力和毅力又开始学习法语和工商管理。不久，公司内聘审贷一职，要求：本科学历，信息管理专业，熟练使用英语、法语，持有信用师证书（条件优越者可降低为助理信用管理师），具有一定的销售和管理经验。马涛欣喜若狂，凭借自身优势将该职位一举拿下。尽管如此，他仍告诫自己：不要骄傲自满，职场海洋大而深，要继续学习，加强锻炼。

以上这个事例中，农村大学生马涛正是凭借自强不息的精神才为自己赢得精彩的。人生道路上，可能各种挫折、困难都会随时出现，与我们一路相随，但只要我们振作起来，有一种自强不息的决心和信心，坚持到底，相信我们终会有攀登人生高峰的机会。

职场中，我们若能以自强不息的精神对待工作，相信大家的前途必定会一片光明。那么，蘑菇族如何才能培养并发扬自强不息的品格呢？不妨参考以下几点建议：

第一，要有坚定的毅力和持之以恒的精神。工作中，不要轻言放弃，无论是强大的压力还是苦难的处境，我们都要认真分析利弊，发挥、利用一切优势力量去解决问题。否则，不仅同事会嘲笑我们懦弱，领导也会认为我们无能，我们的职场前途就会被断送。

第二，勤奋好学、积极向上。历史长河中，苏秦锥刺股、孙敬头悬梁、匡衡凿壁偷光，这些著名的政治家、学问家都是勤奋好学、奋发图强的人，所以，他们才能名垂青史。职场中，要想拥有辉煌的事业，我们必须勤奋学习，将学识、技能、处世经验等融会贯通，等我们磨炼出一个自强不息的自己后，我们就能驰骋于职场了。

第三，用信心和决心武装自己。张海迪和桑兰，她们都是身残志坚的名人。她们都是凭借非凡的信心和决心，成就了一番不凡的事业。作为身体健全的蘑菇族，我们更应该用信心和决心去征服困境，攀登人生的高峰。

总之，身处职场，当遭遇不如意、挫折和打击时，我们一定要奋发向上，永不松懈。要知道，只有做个不畏困境、逆境的强者，我们才能成就自己美好的未来。

可败给别人，不可输给自己

很多蘑菇族都经过一个月或者几个月的求职期和试用期，面试和就职的单位也是跨越了各个领域、行业。坚持住自己的目标方向且愈战愈勇者为多数；但也不乏选择退缩的人，或是怨天尤人，或是自暴自弃，这些人不是输给了竞争对手，而是输给了自己。

相信每一位蘑菇族在心底深处都渴望着成功的一天，坐拥高职位，拿着高薪酬，开豪华轿车，住高档洋房。可惜的是，在激烈的竞争中，能实现这种梦想的只是少数人，失败者大多承认己不如人，抱怨社会现实和职场背景的黑暗，放弃奋斗而选择了安逸。其实这不过是他们给自己设立了一个无法战胜的强敌。可以说，他们不是败给了别人，而是输给了自己。

苏联作家高尔基曾说：“人一生要战胜的敌人就是自己。”是啊，当我们经过多次面试而不成功的时候，更加需要自信，相信自己是最棒的；当我们在职场工作中惨遭客户多次拒绝的时候，更加需要耐心和勇气，以真诚和信誉去打动对方；当我们没有被领导器重的时候，更加需要提高综合素质，适时表现自己的能力；当我们没有受到同事的欢迎时，更加需要以坦然、热情的心去和他们交往，主动请教老员工，并与他们沟通、交流。

在职场中，我们可以败给别人，但绝不可以输给自己。如果蘑菇族在困难面前选择自暴自弃、怨天尤人，或选择逃避、退缩，那就证明他们不仅承认了自己的失败，也完全输给了自己。相反，如果能以困境为阶梯，勇敢正视自己的失败和不足，继而将自己的劣势变为优势，并以坚强的意志鼓励自己走出困境和失败，那么，我们就会成为职场中的强者。

下面我们看看范成是怎样勇敢地从自我的失败中走出来的。

范成毕业于某名牌院校，中文专业。温文尔雅的他不仅文采出众，而且人际关系极好，同学和老师都支持他当一名优秀的“园丁”。但范成有着自己的梦想，他想当一名优秀的编辑，“铁肩担道义，妙手著文章”。于是，凭借自己的文采及大学中积累的优秀作品，他被一家媒体聘用为专题记者。经过一番思考后，他接受了单位的工作分配，和两名同事一起负责自家媒体旅游项目的开发和跟踪报道，也就是兼任品牌营销与记者编辑。

一听说谈合作项目或是记者来访，大多数企业都会避而不见，怕投资、怕曝光、怕揭露。范成在遭遇了多次失败后，产生了想放弃的念头，心想，自己应聘的是记者，为什么要答应做项目营销啊？郁闷不堪的范成又接连失败了几次，他也慢慢懈怠了，回家后开始向其他媒体投出简历。和范成合作的其中一位同事也感觉出他没有了刚来时的工作热情，就随意说了一句：和我合作过的大概有5个人了，都选择了离开。我刚进单位时也差点儿选择离开，但转念一想，没有任何人逼着我放弃，我何必输给自己呢？这让范成脸红不已，他心里也明白：领导和同事都在积极协助他，旅游企业他们也只跑了不到三成，一篇优秀的稿子还没发表过……

思索了一番后，范成打起精神，耐心寻找能谈成项目的巧妙方法。最终他决定先进行报道，再谈合作项目。于是，范成从图片库里调取各大旅游景点的照片，接连几天撰写出匹配各个景点的优美解说词，并将图片和文字编辑成几大板块上交给领导审阅，希望通过自家媒体刊登，并且邀请广大群众评选出10个最佳旅游景点，最后再登门拜访前十几个的最佳旅游企业单位，让他们从这个项目中看到长远的利益。部门领导及同事对这一方案拍手叫绝，对范成的文笔也是夸赞不已。

在大家的共同努力下，范成和同事经过一个月的努力，与5家大公司洽谈成功。接下来，范成跟着品牌营销策划的队伍，及时采访、撰写新闻报道。与此同时，范成也获得了更多的稿酬和项目费用，其月薪比起第一个月翻了4倍。

看到了自己的成就和成功，范成激动不已，他想，如果当时被自己的懦弱、胆怯、消极所控制，肯定不会有现在的成绩。他感慨地说：人生最大的敌人莫过于自己。

以上事例告诉我们：软弱和退缩等于彻底认输，蜕变和策略等于输中求胜。可是，在职场中，大多员工喜欢将“不会、不能、不应该、不要”等词语挂在嘴边，他们不仅否定了企业周围环境和领导同事，也否定了自己，被自己内心的软弱、胆怯、消极所打败。其实，在困境中分析优劣势，战胜自己的心魔，找出突破困境的方法，才是走向成功唯一的出路。

很多时候，我们不是败给了别人，而是败给了自己。因此，在工作中，我们不要轻言放弃；在内心中，我们不要顺从自己的软弱，一定要果敢斩断心魔的控制，不可输给自己。

那么，蘑菇族如何经受住挑战、不输给自己呢？不妨参考以下几点建议：

第一，杜绝自毁，要微笑面对困境。莎士比亚曾说过：“微笑能够协助我们完成美好的心愿，它的威力甚至超过锋利无比的刀剑。”可见，只有在艰难困苦中我们才能真正面对“自己”这个最强大的敌人，用自信的微笑震慑它、用果敢的勇气抵挡它、用睿智的方法打败它，我们将会顺利过关，迎接职场中的胜利。

第二，发掘自身及周遭的潜力来对抗困境。团结就是力量，因此，我们应该恰当借助团队的力量，将自己所能想出的解决问题的方案与大家一起探讨。三个臭皮匠赛过诸葛亮，相信自己、相信团队，你才能和大家共同战胜困难，迎接胜利。

第三，讲究策略，总结经验教训，完成向强者的蜕变。俗语常说：“不经一事不长一智”，单凭勇敢坚强只能与“自己”这个敌人抗衡，但却不一定能战胜它。战胜自己需要我们听取智者之谋，总结经验方法，运用睿智的策略，最终取胜。同时，我们在突破困境、战胜自己的过程中还要勇往直前。只有这样，我们才能完成向强者的蜕变。

总之，我们永远都不应向自己认输，无论遇到多大的艰难险阻，我们都应勇敢地告诉自己：“你很棒，加油！”有了这样的勇气和信心，我们才能经受住任何风吹雨打。

自信引导成功

不是因为有些事情难以做到，我们才失去自信；而是因为我们失去了自信，有些事情才显得难以做到。我们对自己的过分限制，就是成功的最大障碍。扩展我们的心理界限，就扩展了我们的成功。

如今，职场中存在不少缺乏自信的蘑菇族，这些蘑菇族无论做什么事，都对自己没把握、没信心，即使在得到上司的赏识和器重而委以重任时，他们也会用怀疑的眼光看自己，反问自己：“我行吗？”“我可以吗？”这样的员工怎么能担当大任、傲立职场呢？

一个人，无论做什么事情，没有自信是绝对不行的，没有自信就难以取得更大的成功。人最大的敌人就是自己，如果连自己都不相信自己，怎么能让别人相信你呢？怎么能让别人对你委以重任呢？如果一味地自卑，对自己没有自信，可能失败的总是你。

自信是生命的养分，是走向成功应该具备的一种习惯，是成功者的重要特质之一，也是成功的第一秘诀。自信心是比金钱、势力、家世、亲友更有用的条件。它是人生可靠的成功资本，能使人努力克服困难，排除障碍去争取胜利。

下面我们来看一个自信引导成功的故事。

1900年7月，林德曼独自驾着一叶小舟驶进了波涛汹涌的大西洋，他在进行一项历史上从未有过的心理学实验，准备付出的代价是自己的生命。

林德曼认为，一个人只要对自己抱有信心，就能保持精神和肌体的健康。当时，德国举国上下都关注着独舟横渡大西洋的悲壮冒险，已经有一百多名勇士遭遇失败，无人生还。林德曼推断，这些遭遇失败者首先不是从肉体上败下来的，主要是死于精神崩溃、恐慌与绝望。为了验证自己的观点，他不顾亲友的反对，亲自进行了实验。在航行中，林德曼遇到了难以想象的困难，多次濒临死亡，他眼前甚至出现了幻觉，运动神经也处于麻痹状态，有时真有绝望之感。但是只要这个念头一出现，他马上就大声自责：懦夫！你想重蹈覆辙，葬身此地吗？不，我一定能成功！终于，他顺利渡过了大西洋。

以上这个事例告诉我们：对成功而言，自信具有重要意义。可以说，自信是激发潜能、发挥创造能力进而取得成功的最为实用的经验和秘诀。自信能使你在潜意识中释放出无穷的热情、精力和智慧，进而帮助你获得巨大的财富与事业上的成就。拿破仑·希尔说："信心的力量是惊人的，相信自己，那么，一切困难都不是困难。因为自信心是一种积极的心理品质，是促使人奋进的内部动力，是一个人取得成功而必备的、重要的心理素质。"自信的威力已被越来越多的人看到了。相信自己，才是成功的第一步。

在职场中，那些充满自信的员工不畏惧任何困难与挑战，他们也是老板最赏识的员工，因为自信可以使他们完成那些看似不可能完成的任务，而不必老板事事躬亲。特别是在老板不在的时候，更能凸显出他们对公司的意义。与那些缺乏自信、缩手缩脚的人比起来，他们才是公司的支柱。对公司和老板而言，那些脚踏实地、具有自信的人，才是公司的珍宝，因为他们能够把自己的活力传送给身边缺少活力的人们。他们没有理由不得到赞赏和重用。

当然，自信不是与生俱来的，它是靠后天培养的。以下是几种培养自信的好方法：

第一，多想自己的优点和成就，少想自己的缺点和失败。如果一个人总想自己的缺点和失败，就会越来越没信心。你总会有许多优点和成就的，把它们列出来，写在纸上吧，至少写出五个优点和五项成就。对着这张纸条，经常看看、想想。在从事各种活动时，想想自己的优点，并告诉自己曾经有过什么成就。

第二，不断对自己进行正面的自信心理强化。当碰到困难时，一定不要放弃，要坚持对自己说："我能行！""我很棒！""我能做得更好！"重复对自己念叨有信心的词语是一种很重要的、积极的自我心理暗示，有利于我们不断提升自己的信心。

第三，从外部形象入手，树立自己的信心。经调查发现，一个人保持整洁、得体的仪表有利于增强自己的信心。举止洒脱，行为端正，助人为乐，目不斜视，就会有发自内心的自信。同时，加强锻炼，保持健美的体形，对增强自信也很有帮助。

第四，敢想、敢做、敢于面对失败。一个自信心很强的人，必定是一个敢想、敢做、敢于面对失败的人。他绝不会对工作持等待、观望的消极态度，而是在行动中、实践中展示自己的才华。在面对失败时他会选择不屈不挠、百折不回，因为他有信心走出困境。

第五，养成自我审视的习惯。请注意自己工作中的习惯：正视领导、同事，积极主动地展示自己，保持微笑，高效率高质量地完成工作，遇事淡定不慌张。一旦做不到时，就要认清自己不自信的来源，补足劣势，且化劣势为优势。

第六，勇于挑战，在挑战中增强信心。做好自己分内工作的同时，还要积极做一些额外的且富有挑战性的工作。在挑战中，我们不仅能展示自己的能力，还能鞭策自己充满信心地不断寻求进步，这样，我们就能更快地成长起来。

自信中看清自己

俗话说："知人者智，自知者明。"每个人都有自己的"短板"，因此，我们很有必要认清自己的优势和劣势，认清自己的长处和短处。这样，我们才能以更多的自信来凸显自己的才能，以最佳的工作状态发挥出自己的实力，成为新秀中的佼佼者。

哲人说："诚实地向自己展开自己，这是人生一道优美的风景线。"蘑菇族都是职场中平凡的一员，凭借简单的自知力都能做到审视自己，但自我认知与实际可能会千差万别，我们也有理由推测：正信心满满想干大事业的我们更难被自己审视清楚。因为成功的希望近在咫尺，炽热的心无法让自己停下工作去思考，也难以使我们在自信中看清自己的模样。

所以，蘑菇族一定要真正了解自信中的自我，学会全面地、客观地审视自己，看到自身发光点的同时，还要善于发现自己的不足之处。

有个美国小女孩，从 3 岁时便开始接受音乐教育，4 岁时她已掌握了一些简单的钢琴曲。16 岁那年，她考入了丹佛大学音乐学院，梦想是成为一名职业钢琴家。然而就在那年夏天，她却放弃了自己的梦想。因为在著名的阿斯本音乐节上，她遇到了有生以来最残酷的竞争对手。一些刚刚 11 岁的孩子，只看一眼就能演奏她要练上一年才能弹好的曲子。一向特别自信的她感到了自己与他们的巨大差距，于是她鼓起勇气向父母解释说：“对不起，我改变主意了。我不再想成为一个钢琴家。”父母表示接受女儿的决定，而她自己的心中却像堵了一块巨石。

好在不久后，这个女孩就发现了自己的优势——“国际政治概况”课程。她的导师也认为她是这一领域难得的“千里马”，因此倾其所能地指导她，将她引向了国际关系和苏联政治学领域。19 岁时，她便获得了政治学学士学位。26 岁时，她获得博士学位，由于精通四门语言，她很快成为斯坦福大学的助教，专攻苏联军事事务。33 岁时，她已经成为一名杰出的教授。1987 年，在一次晚宴上，她简短而有特色的致辞引起了时任国家安全事务助理布伦特·斯考克罗夫特的注意。从此，她在政界青云直上，直至成为美国历史上第一位黑人女国务卿。她就是创造了黑人女性历史的康多莉扎·赖斯。

事实证明，我们信心十足向前奔跑的同时，还需要看清自己的“短板”。只有看清自己的“短板”，我们才能确保自己走向成功和辉煌。赖斯就是最好的例子，她从一个备受歧视的黑人孩子成长为叱咤风云的政坛明星，这中间的努力大家有目共睹。但倘若她当年不能看清自己的“短板”，盲目自信地前行，那么，她今天至多也就是一名普通的钢琴家，而不会成为美国历史上第一位黑人女国务卿。

常言道：“人贵有自知之明。”那就是既不能高估自己，也不能低估自己。认识到这一点容易，但做到这一点却很难。想使自己的权力更大，想到更能发挥自己才能的岗位上去，想做出比别人更大的成就……几乎所有人都想这样，但只有正确评估自己的人，才完全有能力接受自己的现状和所处的环境，改变自己，调整自己，进而获得成功。

那么，蘑菇族如何才能在自信中看清自己呢？你不妨试试以下几点做法：

第一，认清自己的“短板”，敢于否定自己。每个人都有自己的短处，如果我们能认清自己的短处，将自己的短处摆在明处，敢于否定自己的短处，敢于规避自己的短处，那么，我们就能让自己上升到一个新的高度，获得长足的发展。

第二，在自信中认清自己的目标理想。职场初期为自己所定的目标、理想会随着个人的发展、社会大环境的改变而有所变化，因此，我们应擦亮眼睛，不要盲从于自己的判断和自信，而应多听取上司、老员工及其他人给予自己的善意的建议。

第三，在自信中认清自己的潜力和阻碍。我们千万不能因为自信而不假思索地大干起来，在自信中，我们应该认清自己的潜力和阻碍，只有这样，我们才能让自己的能力更全面。

第四，以人为镜，反思自己。“以铜为镜，可以正衣冠；以人为镜，可以明得失。”职场中充满自信的人不在少数，但凡能闯出天地的人都有着自己独特的魅力，这魅力就来自于他们能够以别人为镜子，照出自己的不足，并自觉地去反思自己。

第五，学会否定自己的过度自信。过度自信会使自己桀骜不驯，因为在你侃侃而谈、积极奋进的同时，不但会受到同事排挤，严重的还会招致领导的厌烦。

需要自信，但不需要自大

有位职场人说：不自信是没长熟的橙子——酸涩；自信是正当时节的橙子——甜美；自大是熟烂的橙子——干苦。可见，不自信、自信、自大之间是有度的，自信过度会演变成自大。我们需要自信，但不需要自大，否则，我们就要承受因自大而酿成的苦果。

工作中，我们需要用自信来鼓励自己不断开拓创新、发掘潜力，从而解决工作上的各种难点、疑点，而不需要以自大高傲的心态去蔑视困难，对待工作和他人。因为自大会让人迷失方向，过分相信自己并以自我为中心去解决问题，从而忽视了思考问题本身和环境的影响。

但在职场中，总有一些蘑菇族凭借自己过分的信心和能力自我陶醉、妄自尊大。殊不知，自大的人仅是通过感觉、知觉、表象等感性认知，对工作中的问题、环境进行表面性的判断，盲目地、自以为是地相信自己，最后的结果往往与预期的相去甚远，或截然相反。

下面我们看看李飒由于自大而失败的事例。

李飒毕业后在一家新能源公司工作，是研发部的一名职员。李飒为人热情大方，工作也极其认真负责，曾一度受到上司的表扬、同事的欢迎。他也对自己的职业发展充满了信心，相信自己肯定能受到重用。在李飒入职一个月左右，公司宣布预试生产一批动力能源设备，并准备从公司内部招募有才能者共同研发。这让化工专业出身的李飒激动不已。很快，他以专业的学识、积极的工作热情、扎实的实验技能被选入研发小组。其间，他将自己所学的专业技能运用于研发中，团队里数他最专业、最敬业，组员都羡慕不已，也不住地表扬、夸赞他。这让李飒尝到了一种成功的喜悦，一种成为强者的欲望。慢慢地，他将组员的询问自演成了“请教”，语气中多少带出了“能者居大”的感觉。

在一次技术参数校对时，组员们讨论要下调电压，但李飒坚持不更改，以专业的理论和大家展开讨论，同时举出很多例子证明自己是对的，争执持续到小组负责人火急火燎地赶到现场，最终在李飒的坚持下大家同意试用原参数。不久，实验结束，成果不尽如人意，虽试制成功，但产品电压方面确实由于参数问题出现了不稳定的现象。

李飒自知理亏，怕上司追究其责任，凡事都小心翼翼，再也没有了之前的傲气十足，信心也所剩无几。由于自大，他失去了很好的升职机会。

以上这个事例告诉我们：盲目夸大的自信——自大，是失败的始作俑者，应坚决在工作中将其杜绝。在职场中，很多蘑菇族也像这个事例中的李飒一样，极愿满足于自己的智慧，总是听不进去别人的意见，自高自大成了他们的通病。一个人如果是一时失去对自己的清醒认识，还只是糊涂一时，倘若一辈子失去对自己的清醒认识，那就只能糊涂一辈子了。

自信和自大是不一样的，下面通过一个表格来说明。

表 4-1　自信较于自大的具体表现

不同点	自信表现	自大表现
心态	淡定谦虚，有勇有谋	狂妄不羁，自高自大
行动	审时度势、尊重客观	自我肯定，我行我素
目标	力所能及，积极完成	好高骛远，不住幻想
责任	接受失败，寻找方案	逃避失败，外推责任

自信趋于理性，自大则趋于感性。我们需要自信，但不需要自大，这就要求我们做到：

第一，善于自我反省。要常常对自己的学识能力、人格品质等进行自我评判，切忌孤芳自赏；要不断完善自我，自信自勉之外，还要自查、自省。

第二，从自信过剩的失败中汲取教训。失败乃兵家常事，职场中也屡见不鲜。我们在面对自己的失败，或审查别人的失败时，需要静下心来分析失败的原因。尤其是“自大”这个引人至失败境地的性格缺陷，我们必须正视它，继而克服它。

第三，以他人的优势促使自己低调行事。我们应该知道：天外有天，人外有人；尺有所短，寸有所长。因此，我们不能自认为很优秀，且自信过度。能者、智者大多平时都不显山不露水，但能在关键时刻起到呼风唤雨的作用。我们应该向他们学习。

第四，将自大转换为自信。过分自信就会变成自大。因此，我们需要在自己开始骄傲自满时为自己敲响警钟，重新审视以往因自大而导致失败的事例，以此来说服、鼓励自己树立自信，而不是盲目自大、目中无人。成功将自大转换为自信，我们才能成功战胜自己和别人。

第五，正视“敌人”的意见。要去掉自高自大的坏毛病，我们就必须去深入地了解别人，正视“敌人”的意见。别以为别人所做的事情都是十分容易和简单的，或者不对的，其实很多事情看起来容易，其实质绝对不简单；有时看似别人不对，其实是自己错了。

第六，不抬高自己。谁都不喜欢高高在上、不可一世的摆高姿态的人。如果你目空一切、狂妄自大到了极点，任何人都不会愿意与你接近和交往。

测一测　你属于自强、自信的员工吗

自强是成功的起点，是成功的基石；自信是成功的第一秘诀，是打开自己潜能宝库的金钥匙。自强和自信都是成功者必备的素质。作为“幼小”的蘑菇族，我们要想成功，就必须做到自强、自信，依靠自己微薄的力量，先让自己茁壮成长、发展壮大。

你属于自强、自信的员工吗？自测一下就知道了。请根据自己的实际情况作出回答。

1. 在困难面前跌倒后，我从不选择逃避、退缩，更不会放弃奋斗。

A. 是的　　　　B. 不是

2. 我是个独立自主、不依附他人的人，因为我相信依赖别人不如依赖自己。

A. 是的　　　　B. 不是

3. 工作中，我绝不会轻言放弃。无论是面临强大的压力，还是身处苦难的处境，我都会认真分析利弊，发挥、利用一切优势力量去解决问题。

A. 是的　　　　B. 不是

4. 职场中，我是位勤奋好学、积极向上的员工，我力求进步，奋发向上，永不松懈。

A. 是的　　　　B. 不是

5. 在工作中和竞争中，我宁可光明正大地败给别人，也不想输给自己。

A. 是的　　　　B. 不是

6. 当我感觉自卑时，我会多想自己的优点和成就，少想自己的缺点和失败；当我感觉自大时，我会多想自己的短处和不足。因此，我既不会陷入自卑，也不会狂妄自大。

A. 是的　　　　B. 不是

7. 我经常对自己说："我能行！""我很棒！""我能做得更好！"

A. 是的　　　　B. 不是

8. 我从不贪图安逸，无论外界条件如何变化，我都不会停止奋斗的脚步。

A. 是的　　　　B. 不是

9. 我知道"天行健，君子以自强不息"的含义，并能身体力行。

A. 是的　　　　B. 不是

10. 在工作中，我会虚心接受别人的意见，绝不会因为自大而任意妄为。

A. 是的　　　　B. 不是

11. 我经常欣赏自己的照片，认为自己很英俊或很漂亮。

A. 是的　　　　B. 不是

12. 我从不因为自己各方面不如别人而感到自卑，我会想方设法修补自己的"短板"。

A. 是的　　　　B. 不是

13. 我是一个敢想、敢做、敢于面对失败的人。我不会对工作持等待、观望的消极态度，而是在行动中、实践中积极地展示自己的才华。

A. 是的　　　　B. 不是

14. 在面对失败时，我会选择不屈不挠、百折不回，因为我有信心破除困境。

A. 是的　　　　　B. 不是

15. 我是个勇于挑战的人，我认为在挑战中能够增强信心，让自己进步。

A. 是的　　　　　B. 不是

16. 我能以别人为镜子，照出自己的不足，自觉地去反思自己。

A. 是的　　　　　B. 不是

17. 我能适时否定自己的过度信心，不让自己自高自大、目中无人。

A. 是的　　　　　B. 不是

18. 当我感觉自卑时，我会做些自己擅长的事情，以增加自己成功的体验。

A. 是的　　　　　B. 不是

19. 我从来不苛求自己十全十美，但我会在工作中精益求精，做足一百分。

A. 是的　　　　　B. 不是

20. 我不会凭借自己过分的信心和能力自我陶醉、妄自尊大。

A. 是的　　　　　B. 不是

计分标准

选 A 得 1 分；选 B 得 0 分。

将每题所得之分相加，即得出你的总分。

自测结果

0～10 分：很明确地告诉你，你不属于自强、自信的员工。在困难和失败面前，你很容易选择逃避、退缩、放弃。你难以做到自强不息。工作中，你总是对自己信心不足，因此，你很难发挥自己的潜能，把工作做得完美无缺。一旦你获得了一点儿成绩，你可能会看不清自己，而变得自大起来。你对自己的不足和缺点很介意，你常常会感到自卑。所以，你要想在职场中快速成长起来，就必须做到自强、自信，远离自卑、自大。

11～20分：恭喜你！你属于自强、自信的员工。在困难和失败面前，你不会选择逃避、退缩、放弃，而会选择不屈不挠、百折不回，因为你有信心破除困境。你是个自强不息的人，你从不贪图安逸，无论外界条件如何变化，你都不会停止奋斗的脚步。你会依靠自己微薄的力量让自己慢慢发展、壮大。你很自信，即使你取得了很大的成绩或成功，你也不会变得自大。你从不自卑，因为你很清楚自己是个有优势的人。尽管你现在还不够强大，但是，你能在职场中快速成长起来，相信你很快就会与成功结缘。

第 5 章

成长之行，始于小事

做好小事，才能成就大事

美国成功学大师戴尔·卡耐基说过："一个不注意小事情的人，永远不会成就大事业。"因此，要想成就大事，作为蘑菇族的我们必须从身边的每一件小事做起。在做小事时，我们要有好的心态、状态、姿态，更要有持久的常态。

每每看到职场中的"向日葵"春风得意时，蘑菇族便开始暗暗神伤。每个人都有自己的职业理想。有理想，就要努力为之奋斗，这才是人生的真正意义。但是，我们要想实现自己的职业理想，只靠坚实的专业知识的基础是远远不够的，我们还要做好眼前的小事。

做好小事是走向成功的基础，做好小事，才能成就大事。我们常说："万丈高楼平地起"，小事是我们遇到的最早、最普遍的工作。而我们无论何时，无论选择什么样的工作，都不可因其"小"而不屑一顾，而应给予同样的重视。这样，我们才能为将来成就大事打好基础。

闵建是某汽车修理厂的一名工人，刚进修理厂第一天时，经理就告诉他："每次修完一辆车，一定要把工具清洗干净，为下次使用做准备。脏的工具，自己看了也不舒服。"闵建想，这么小的一件事，自己肯定会做到的。刚开始，闵建还记得经理的教导，可是慢慢地他觉得每次都去清洗工具太麻烦了，有时候刚清洗完又开始工作了，很多时间都花在了清洗工具上，还不如一段时间后再清洗，这样省事、省时又省力，还不耽误工作。

不知不觉中两个月过去了，经理来检查闵建的工具，发现上面的污垢已经好几层了。闵建不好意思地说："每次洗很麻烦，反正下次还要用。”经理沉默了一会儿说：“看一名修理工的工作好坏，不用去现场看他的工作，只看工具大概就知道了。小事最能折射出一个人的工作态度，连清洗工具这样的小事你都做不好，那修理工作一定也大打折扣。只有用做大事的心态做小事，我们才会认真把事情做好。”

听了经理的话，闵建羞愧地低下了头。从那以后，闵建的工具总是清洗得最干净的，加之他工作态度好、维修技术高超，有很多客人点名要他修理自己的汽车。

不久之后，闵建升为这个班组的组长。

以上这个事例中，闵建对待小事态度的转变就是我们需要学习的地方。在工作中，我们应该推崇他这种“不因小事而不为”的做法。不管是本科生，还是研究生，抑或是博士生，在工作的时候都不可过于挑剔，否则仍将一事无成。

身为蘑菇族的我们每天都在和小事打交道，在工作中，我们对待小事的态度恰恰也是我们对待工作的态度。静下心来想一想，我们每天波澜不惊的工作和生活，其实都是由一连串的小事构成的。也许是因为我们目睹了太多的小事，也经历了太多的小事，所以往往感觉不到小事的存在。由于这些小事看上去都是那么毫不起眼，因此，每个人都难免会有意无意地忽略小事的价值。然而，一件小事的失误很可能就会埋下失败的隐患，不仅给自己带来不可想象的后果，还会给企业造成难以估量的损失。

作为常常被小事包围的“蘑菇族”，我们身边的小事数不胜数，要想做好“小而简单”的小事，成就一番大事业，我们必须做好以下四个“态”。

第一，心态。心态是我们工作中所持的态度，我们要端正自己的心态，正确地面对工作中的小事。一个人在面对小事时的心态端正与否，是这个人日后能否成就大事业的重要标准。如果处处和别人争胜、攀比，而不能静下心来认真面对自己工作中的小事，对小事抱有“眼高手低”

的态度，以这种心态来工作，是不能做好本职工作的。

第二，状态。好状态是高效工作的前提。如果每天工作起来都拖拖拉拉，得过且过，在小事面前懒懒散散，成天想着自己的大事，这种状态是难以完成眼前的工作的。

第三，姿态。工作无小事，工作中看似渺小的事情却能给我们很大的启发，让我们从中悟出宝贵的财富。如果我们以这种姿态投入到工作中去，做好每件小事，逐渐积累，那么，日积月累，就会发生质变，小事就会变成大事。任何一件小事，只要你把它做规范了、做到位了、做透了，你就会从中发现机会，找到规律，从而练就做大事的基本功。

第四，常态。做好当前这份“小而简单”的工作需要有打持久战的心理准备。很多刚刚走上工作岗位的蘑菇族都会对未来充满幻想，所以刚开始工作时，一般都会充满热情，非常努力、认真、勤快、好学，但过不了多久，他们往往就会对工作失去新鲜感和激情，很难再认真做小事了。因此，要想成就大事，我们还必须有一个做小事的常态。

总之，无论你是谁，只要你想成就一番大事，就必须得先从小事做起。身处职场的蘑菇族，请端正自己的心态，摆正自己的状态，放低自己的姿态，坚持自己的常态，把该做的小事做好，只有这样，你才能把想做的大事做成！

天下大事必作于细

老子曰：“天下难事必作于易，天下大事必作于细。”针对工作中的小事，我们要在小中做细，细中求精，在精细中尽显自己的优势，这样，我们才能早日练就做大事的本领。

在工作中，我们总会发现一些粗心大意的蘑菇族，他们认为要成大事就要不拘小节，否则就会被小节所拖累。其实有这种想法是不对的。许多事实证明，在职场中不拘小节就无以成大事。一个细节在某种程度上可以决定我们工作上的成败，如果我们平时不注意的话，很有可能这个细节就会成为我们事业上的“短板”，我们也将功亏一篑，难成大事。

“一粒米中见世界，一滴水里看阳光。”你的一言一行、一举一动都可以成为你职场命运的基石。在我们的职场中，并不是每一个细节都需要关注，也不是每一件小事都需要投入全部精力，然而，对于那些对工作有重要意义而又经常被你所忽视的小节，你必须认真地对待、做好，只有这样，你才有可能改变自己的职场命运。

但是，同样是面对小事，人与人之间在智力和体力上的差异并不如人们想象的那么大，成功者与失败者之间究竟有多大的差别呢？其实，一个人能做，另外的人也能做，只是做出来的效果不一样，往往是一些细节上的功夫，决定着完成的质量。

有一家知名企业正在向社会公开招聘采购主管。一天，有三个人前来应聘：第一位是从某知名大学的管理学院毕业的，第二位毕业于某商学院，而第三位则是一家民办高校的毕业生。他们三人都是信心十足地面对考官，心想自己能够胜任这份工作。

在整个应聘过程中，经过了一次次测试后，人力资源部经理发现，他们三个人在专业知识与经验上各有千秋，难分高下。最后，这家公司的总经理亲自面试，他出了这样一道题：“假定公司派你到某个工厂采购4999个信封，你需要从公司里带去多少钱？”几分钟过后，三名应聘者都交出了自己的答案。

知名大学毕业生的答案是430元。总经理询问答案的算法：“就当采购5000个信封计算，可能是要400元，其他杂费就30元吧！”答者应答如流。但总经理却未置可否。

商学院毕业生的答案是415元。总经理听其解释：“假设5000个信封，大概需要400元左右。另外可能需用15元。”总经理对此仍是一言不发。

民办高校毕业生的答案是419.42元。总经理看到这个答案，觉得有些惊异，立即询问道："这个答案你是怎么算出来的？"第三名应聘者自信地回答道："信封每个8分钱，4999个是399.92元；从公司到某工厂，乘汽车来回票价10元；午餐费5元。从工厂到汽车站有一里半路，请一辆三轮车搬信封，需用3.5元。因此，最后总费用为419.42元。"

总经理露出了满意的笑容，当场录取了那个民办高校的毕业生。

购买4999个信封，在大多数人眼里是一件不起眼的小事，很容易做到。但是，三名应聘者中，只有那名民办高校的毕业生懂得精打细算，把小事做细做精，他也就理所当然地被录用了。可见，任何事情，要想做成功，必须从细节入手做好它。

汪中求先生在《细节决定成败》一书中说："在中国，想做大事的人很多，但愿意把小事做细的人很少；我们不缺少雄才伟略的战略家，缺少的是精益求精的执行者。我们必须改变心浮气躁、浅尝辄止的毛病，提倡注重细节，把小事做细。"

其实，任何一家企业，要想做大做强，都必须从细节做起，把生产过程中的每个细节都做好。同样，一名员工要做出一番事业，就必须做好每一件细小的工作。工作中的每一件细微的小事都能体现我们整体的水准，一些微小的细节也可能会引起一些严重的错误，所以，我们绝不能忽视细节，要重视每一个细节，做好每一个细节。

当然，在工作中，我们要想做好、做精、做细每一件小事，还需要培养以下三种意识：

第一，细节意识。看不到细节，或者不把小事当回事的人，一般都会对工作缺乏认真的态度，对事情敷衍了事。这种人无法把工作当作一种乐趣，而只是当作一种不得不受的苦役。而考虑细节、注重细节的人，不仅能认真对待工作，将小事做细，将小事做完美，还会注重在做事的细节中不断总结，从而使自己不断进步。

1. 严格守时；
2. 睡前多几分钟准备；
3. 提前五分钟开始工作；
4. 先做最重要的事情；
5. 主动向上司汇报自己的工作情况；
6. 原谅别人的错误；
7. 做好分内的事情；
8. 切忌不懂装懂；
9. 反省比辩解更容易令自己受器重；
10. 让工作充满创意。

蘑菇族在工作中需要注意的10个细节

第二，求精意识。在工作中，我们应抛开任何借口，无条件地做好任何一件哪怕是最细微的事情，提高自身工作的自觉性和主动性。最严格的标准应该是自己设定的，而不是由别人要求的，能做到最好，就必须做到最好，能做足100分，就绝不做99分。

第三，责任意识。一件简单的小事情，所反映出来的是一个人的责任心。工作中的一些细节，唯有那些心中装着“大责任”的人能够发现、能够做好、能够胜任。一个人即便拥有再高的学历，出自再有名气的学校，如果对待工作不认真，不将敏捷的判断力、准确的逻辑推理能力、丰富的专业知识和工作中的具体细节联系起来，那么，他最终也会一事无成。只有脚踏实地的耕耘者才能在平凡的岗位上创造机会、抓住机会，成就大事。

从细节处抽效率

细节成就精彩，细节提高效率。在工作中，谁忽略了决定办事效率的细节，谁就不可能取得真正的成功；谁在细节上用足了心，确实提高了自己的工作效率，谁就能赢得非凡的人生。如果你想成为一名职场成功人士，你就必须学会从细节中抽效率。

效率来自细节，细节凝结效率，改善工作细节，才能提高工作效率。然而，日常工作中，细节对于提高工作效率的重要性往往被太多的人所忽视，尤其是那些蘑菇族，他们总是眼高手低，不善于从小事入手、从细微处做起，以至于让自己每天所做的一切都是大而不实的空架子，最终碌碌无为。这种容易导致失败的人性弱点是你成功的天敌。

我们经常看到别人成功的辉煌，却往往忽略了去关注别人对细节的用心。对于一个员工来说，凡事无小事，简单不等于容易，任何一个环节太薄弱都有可能导致工作效率的下降。因为每一件事的每一个过程都成就了另一个过程，而只有把小事做好的人，才能铸造完美的细节，成就我们人生的大事。因此，我们要花大力气做好小事情，把小事做细、做强、做到位，只有这样我们才算真正完成任务，工作效率才能得到真正的提高。

下面我们看看威尔是如何从细节中提高工作效率的。

美国加州卡特尔斯建筑公司是名震全美的一家建筑公司，作为公司执行总裁的威尔更是建筑行业中的佼佼者。他就是从一名普通员工做起，逐步做好一些细节上的小事，最终登上事业巅峰的。

八年前，威尔是作为一名送水工被卡特尔斯建筑队招聘进来的。初进公司时，威尔并不像其他的送水工那样把水桶搬到工地之后就躲在阴凉的墙角，一边闲聊，一边无聊地吸烟，而是走到工人中间，给每一个忙碌在岗位上的工人的水壶中倒满水，并在他们休息时一边给他们加水，一边听他们讲解关于建筑的工作。很快这个勤奋好学的小伙子便引起建筑工长的注意。几个月后，威尔当上了计时员。为了做好这个工作，他更是加倍努力，而且还经常与建筑工人待在一起，为他们义务地提供帮助的同时也向他们请教。不久，他就熟悉了各种建筑工作的操作方式与技能，对于建筑工作的各种细节更是了如指掌。当建筑队的负责人不在时，工人们遇到麻烦事，他总能有办法解决。一次，威尔把旧的红色法兰绒扯开包在日光灯上，以解决工地上没有足够的红灯来照明的问题，这一举措得到在场所有人的赞赏，负责人也因此决定让这个细心而又能干的年轻人做自己的助理。

在威尔的帮助下，这支建筑队的规模很快扩大了几倍，而且工作效率比别的建筑队都高。后来经过负责人的推荐，威尔调到总公司，不到一年便成了副总。威尔不断进步，他在副总的位子上更加专注于工作细节。在他的带动下，客户的满意度较以前有了很大提高。

两年后，董事会决定任命威尔为集团公司执行总裁。

威尔成功的事例告诉我们：工作是由一个个毫不起眼的细节组成的，平时多注意细节，多在小事上下功夫，才能提高办事效率，才能做成大事，最终叩开成功的大门。人生中没有多少大事发生，其实，正是那些微小的细节影响着我们的人生。

古人云："千里之堤毁于蚁穴。""不积跬步，无以至千里；不积小流，无以成江海。"许多人都渴望成就伟大，却又有很多人不屑于小事和细节。展示完善的自己很难，需要每一个细节都完美；只要一点儿细节没注意到，就会给自己带来难以挽回的损失。

可是在工作中，有不少蘑菇族认为，注重细节会影响工作效率，这是对细节的"误读"。细节存在于系统之中。成功取决于系统，表现为细节。细节做得好，是整个系统运行的自然结果，而不是要在系统之外专门花时间去做什么"细节"。所以，注重细节不是"吹毛求疵"，两者有着本质的区别。强调细节非但不会影响效率，反而会提高效率。

因此，要想提高工作效率，必须先从小事做起，从细微之处做起。不要对工作中的细节熟视无睹、不屑一顾。办事情不要总是热衷于大手笔，喜欢轰轰烈烈，这样是难以达到境界的。要做工作中的有心人和细心人，要从身边的点滴小事做起，即使是一些不起眼的小事和细节，也不要忽视。这样，你才能成为职场中真正的高效能员工。

简单的事做好就不简单

海尔集团总裁张瑞敏说过："坚持把简单的事情做好就是不简单，坚持把平凡的事情做好就是不平凡。"在职场中，谁如果把简单的事情做好，谁就是出色的蘑菇族，更是能够走出"蘑菇"地带的具有重要潜质的职场宠儿，这样的员工早晚都会成功的。

对于大多数蘑菇族来说，做简单的事好像是家常便饭。诸如文员、销售、服务等工作是他们的"专利"，甚至还有些蘑菇族经常做一些打扫卫生、打印资料等毫无技术含量的工作。这些工作基本上都是简单的重复，以及繁杂小事的串联。这对于梦想着做大事的蘑菇族而言，往往会变成泯灭他们激情与梦想的枷锁。但是，我们回过头来再看看那些最终有所成就的人，他们不也一样在这样的环境中成长，一样面对不可计数、周而复始的小事情吗？可以说，在现代职场中，很多成功人士就是在不断重复简单的工作中寻找到自己的突破口的。

因此，要在工作中成长，在职场竞争中脱颖而出，我们就必须把每一件简单的事做好。现代企业中，老板最青睐的就是那些关注小事，能把简单的小事做得不简单的职员。那些能够在简单、重复的工作中产生灵感和创意，并能兢兢业业、认真踏实、有条不紊地把小事情做好、理顺的职员必将成为老板重视的对象，他们的职业前途将会不可估量。

刚毕业不久的木美就职于日本东京的一家公司，她的主要工作就是负责与公司有业务往来的客商的接待工作。在她接待的客商中，有一个实力雄厚的德国公司的经理因工作需要经常往来于东京和他们的投资地大阪。经过几次从东京和大阪两地的往返之后，那位德国经理发现了一个现象：每一次，当他坐车去大阪时，座位总是在右边，而当他返回东京时，座位却都在左边。这成了他心里的一个谜。过了一段时间，那位德国经理终于忍不住就问了负责订票的木美。木美微笑着说："我想国外的客人来到日本肯定都喜欢欣赏富士山的美丽风光，所以我就给您作了这样的安排。这样您便可以在来回的路上都能见到富士山了。"

听了这样的话，德国经理深受感动，他认为日本这家公司的员工能够细致入微到如此地步，那与他们合作肯定是毫无差错了。于是，这位经理决定，给这家公司增加1500万欧元的贸易额。自然，木美也受到了公司高层的嘉奖。

努力把每一件简单的事都做到完美，你才能得到重视和嘉奖。在很多人眼里，为客商订票是很简单的事情，但是木美却能把简单的事做得十分完美，给公司多赢得了1500万欧元的贸易额，这就确确实实是"不简单"。因此，在工作中，我们也要向木美学习，在简单细节上下大力气，这样，我们也可以作出成绩，最终实现企业与个人的双赢。

优秀的职员往往都会在做好简单小事的过程中历练自己，让自己从一粒沙子变成一块金子，从而登上更大的舞台，开始自己叱咤风云的职场路。因此，对于任何一个想走出蘑菇族的员工来说，千万不能在工作中轻视简单的小事，而应重视它们，做好它们。

那么，蘑菇族如何做好简单的事呢？具体来说，需要你做到以下几点：

第一，严于律己。这是每个优秀员工都应该有的做事态度。放纵自己、不求甚解、马马虎虎在那些优秀员工的行为中是很少见的，也正因为如此，他们才获得了成功，成了老板的得力助手，成为了公司的顶梁柱。因此，想把简单的事情做好就得时刻严格要求自己。

第二，无微不至。在工作中，我们应把简单的小事无微不至地做精做细，只有这样，我们才能在精细中发挥自己的优势，从而使自己成为茁壮成长的职场新秀。

第三，尽心尽力。心不在焉、不求进取、粗心大意的员工，是无法作出优异成绩的。对于任何一项工作，哪怕是整理办公室这样的小事，你只要投入100%的努力和热情，也会干得非常棒，也会得到同事的尊重和老板的重视。当你尽心尽力地做好每一项工作的时候，你会发现，你已经是公司里不可或缺的人物了。

做别人不愿做的事情

处于职场底层的蘑菇族，需要为自己的职业规划奋力拼搏，更需要在关键时刻抓住机遇。而在现实职场中，机遇不是等来的，而是靠自己创造的。其中，做别人不愿做的事就是创造机遇的有效途径。而蔑视工作中的小事，就会使我们错失良机。

在我们身边，有很多蘑菇族经常因为工作中的事情抱怨："就给我这么点儿工资让我干这么多的活儿，还想让我干那些零碎事，我才不干呢！"还有人说："一分钱一分货，我这点儿工资，就应该干少一点儿的活儿。"可是，如果我们主动做一些别人不想做、不愿做的小事，那么，慢慢地，我们就会找到自己发展的机遇。

一个人能将别人不愿做的事做好，那么，愿做的事就肯定能做得更好；一个人愿意主动承担更多责任，那么，对于自己分内的事情就会更认真负责。这个道理，英明的老板一定都会明白。要愿做别人不愿意做的事，表现出了一名员工不一样的工作态度，以及他与众不同的能力。

下面案例中的吴义军就是一个最好的例子。

退伍军人吴义军是一家建筑公司工地上的工人，整天同民工们一起干活，一身泥、一脸灰、一头汗。吴义军觉得这个工作虽然十分辛苦，心中也有过犹豫，但是想到工作难找，还是咬牙坚持了下来。一天中午，工长和工地管理人员都先走了，天就要下雨了，吴义军担心工地上的十几包水泥会被雨淋湿，就请没走的工友一起把它们搬进工棚中。可没人愿意帮忙，吴义军只好一个人将十几包水泥搬进了工棚，累得一身臭汗，直喘气。有人说：“这又不是你家的东西，操哪门子闲心啊？”也有人说：“当兵的就是和咱们老百姓不同！”

恰恰这时，公司总经理开着车来工地了，看到那些建筑材料没有损失他很高兴。

第二天，吴义军被通知到总经理办公室去一趟。吴义军走进办公室时，看到了总经理脸上和蔼的笑容。总经理说：“工地你不必去了，就留在公司帮我吧，你已经完全合格了！”

一年后，吴义军又被公司提拔为业务部门的主管。

可见，工作中的一些小事，并不是说你会不会做、能不能做，而是你想不想做，并且能不能认真地将它做好。吴义军在别人都不想做的事情上花费了时间和精力，在为公司减少了损失的同时也为自己赢得了晋升的机遇。有时候，一些小事，其实最能体现出人的责任心。吴义军的升迁是偶然也是必然，假如员工在对待公司的事情上充满责任感，公司就会因此减少很多的麻烦和隐患，任何一个老板都会放心大胆地重用这样的员工。

从企业的角度来说，对于新员工，“做小事”不是你愿不愿意的问题，而是成才和成功过程中不可逾越的阶段。新员工无论是在企业文化、团队合作还是在职能实际操作方面，都有一个适应的过程，企业领导在这个阶段不可能给新员工一件“大事”去做。况且能以积极、热情、细心的工作心态去完成小事的员工，必定有超越他人的耐性和执行力，也会逐步成为能挑起企业重担的中坚力量。

一名员工，一旦有不情愿做小事的消极心态，那么，工作中闲置的时间就会增加，他就会慢慢开始变得懒散，更不用说得到锻炼、升职的机会了。如果能在甘愿做小事的过程中锻炼自己，深入了解单位情况，加强业务知识，熟悉工作内容，利用小事去多方面体会，增强自己的判断能力和思考能力，那么，步步高升便指日可待。

因此，我们在工作中一定要注意一些别人不愿做的事情，然后主动去做。同处在“蘑菇”地带的职员们，一般在学历、技术和经验上都没有什么明显区别，如果我们能主动承担别人不愿承担的工作、做别人不愿做的琐事，时刻站在公司的立场上思考问题，勇于接受和解决问题，那么，我们就能得到提升自己、走向成功的机会，最终由平凡走向卓越。

总之，别人不愿意端茶倒水，你要端出水平；别人不愿意洗刷马桶，你更要刷得干净；别人不愿意加强操练，你更要加强自我操练；别人不愿意做准备，你更要多做准备；别人不愿意付出，你更要多付出。同事不愿意做的事情，你都要愿意去做。对于每一个人而言，成功最重要的秘诀之一就是去做别人不愿意做的小事。每一件别人不愿意做的小事，你都愿意多做一点儿，你的成功率一定会不断提高。这样，你就会离成功更进一步。

测一测　你对小事看重吗

千里之行，始于足下；成长之行，始于小事，小事成了工作中一个备受重视的话题。小事，是体现一个人工作态度的载体；小事，是一个人成长力量的聚集点。做好了小事，我们才能成就大事。那么，你对小事看重吗？做一做下面的测试题就知道了。

1. 你每天在面对小事时，是不是持有积极乐观的态度？

A. 经常会有　　B. 偶尔会有　　C. 几乎没有

2. 你在面对小事时，有没有给它们进行分类？

A. 经常会有　　B. 偶尔会有　　C. 几乎没有

3. 你是否会经常给自己制订一个处理小事的计划？

A. 经常会有　　B. 偶尔会有　　C. 几乎没有

4. 你是否喜欢让自己的工作做得更加精细？

A. 经常会有　　B. 偶尔会有　　C. 几乎没有

5. 你是否觉得工作中的小事能够使自己提升能力？

A. 经常会有　　B. 偶尔会有　　C. 几乎没有

6. 由于工作中小事的烦琐，你是否会坚持执行本已制订的工作计划？

A. 经常会有　　B. 偶尔会有　　C. 几乎没有

7. 在工作中，你是否会放低姿态而认真地去面对小事？

A. 经常会有　　B. 偶尔会有　　C. 几乎没有

8. 你是否让认真做好小事成为自己工作中的一个重要部分？

A. 经常会有　　B. 偶尔会有　　C. 几乎没有

9. 你是否会在工作中主动承担一些别人不愿做的小事？

A. 经常会有　　B. 偶尔会有　　C. 几乎没有

10. 你是否会在小事中抓住细节，从而发挥自己的优势？

A. 经常会有　　B. 偶尔会有　　C. 几乎没有

11. 你是否有做好小事的决心？

A. 经常会有　　B. 偶尔会有　　C. 几乎没有

12. 你是否会严格履行针对小事而制订的计划？

A. 经常会有　　B. 偶尔会有　　C. 几乎没有

13. 你是否喜欢在自己做小事之前多做一些准备工作？

A. 经常会有　　B. 偶尔会有　　C. 几乎没有

14. 你是否对小事的执行情况也积极地向上司汇报？

A. 经常会有　　B. 偶尔会有　　C. 几乎没有

15. 在做小事的过程中如果遇到不懂的地方，你是否会向别人请教？

A. 经常会有　　B. 偶尔会有　　C. 几乎没有

16. 你是否会在做小事的过程中想到一些创意？

A. 经常会有　　B. 偶尔会有　　C. 几乎没有

17. 你是否会把工作中简单的事情做得圆满？

A. 经常会有　　B. 偶尔会有　　C. 几乎没有

18. 你是否会在做完每一件小事之后做一个小结？

A. 经常会有　　B. 偶尔会有　　C. 几乎没有

19. 你是否觉得“从小处着眼”能让自己发现更多的问题？

A. 经常会有　　B. 偶尔会有　　C. 几乎没有

20. “从小处着手”的过程中，你是否会觉得原来不是那么简单？

A. 经常会有　　B. 偶尔会有　　C. 几乎没有

计分标准

选 A 得 5 分；选 B 得 3 分；选 C 得 1 分。

将每题所得之分相加，即得出你的总分。

自测结果

20 ~ 49 分：你不屑于工作中的小事。你很难在职场中取得大的进展，你的发展空间也会受到限制。你觉得自己经常为工作中的这些小事花费心思、浪费时间，认为这是对自己人生规划的不负责，总想着自己哪一天能够干出一番惊天动地的大事来。你应该好好反省自己，让自己放低姿态，认真地做好每一件小事，从而使自己有一个良好的开端。

50 ~ 79 分：你比较看重工作中的小事。虽然你知道工作中自己身处小事的包围之中，也想让自己在做小事的历练中逐渐脱颖而出，但你做事的态度尚不踏实，还有些浮躁情绪，自己也不能将做好小事视为工作中的一种常态，常常幻想自己能够一步踏入“向日葵”阶层。如果你能够端正自己的态度，认真做好每一件小事，相信你的梦想不久将变成现实。

80～100分：你对工作中的小事非常看重。在工作中，你能正确面对自己身边的小事，也能够把小事做精做细，使自己在做小事的过程中逐渐提升自己的能力，并受到上司的重视，从而使自己渐渐远离蘑菇族群体，成为职场上真正的精英。

第6章

想有高价值，要先自我增值

学习工作业务能力

业务能力，是评判每一个职场蘑菇族能否胜任本职工作的重要标准，也是我们的上司是否提拔我们的重要依据，因此，加强工作业务方面的学习，提升工作业务能力，是我们学习的重中之重，也是我们走出蘑菇期，成为职场新秀的前提。

能力是人们顺利完成某种活动所必备的个性心理特征。任何一种活动都要求参与者具备一定的能力，而且其能力直接影响着活动的效率。

在心理学界，能力可以有如下分类（见表6－1）。

表6－1　心理学界关于能力的分类

能力的种类	具体内容
一般能力	在不同种类的活动中表现出来的能力，包括注意力、观察力、记忆力、思维能力和想象力等
特殊能力	在某种专业活动、专业工作中表现出来的能力，如计算能力、音乐能力、动作协调能力、语言表达能力、事务能力等
流体能力	在信息加工和问题解决过程中所表现出来的能力，如：对关系的认识，类比、演绎推理能力，形成抽象概括的能力，等等
晶体能力	指获得语言、数学知识的能力

而我们所要提升的工作业务能力，即是上述分类中的特殊能力。业务能力不仅是我们综合素质的体现，也是我们今后一个时期发展的重要保障。因此，对于蘑菇职员来说，时刻不忘学习，提升业务能力是我们初入职场时工作的重点。

当然，学习业务专业方面的知识，需要我们有一定的针对性、方向性和目的性，而不能撒开大网，大鱼小鱼一起捞，否则，我们将会在学习方面事倍功半。

因此，我们在学习的过程中还需要注意以下几个方面的问题：

第一，找准自己的兴趣点。兴趣是最好的老师，如果我们对待自己的工作毫无兴趣，只知道得过且过，自己的学习就将无从说起，更谈不上自己的发展与进步。因此，我们在学习专业知识、提升业务能力之前，首先要明白的是我们到底对自己的工作有没有兴趣，不要盲目地参与到工作中，否则对于用人单位、对于个人的成长都是浪费。

第二，学会独立而积极地思考。无论做什么工作，我们都要学会主动思考。在激烈的市场竞争中，一个人想要立于不败之地，就必须让自己在所从事的领域里做到没有人能超越你，做真正的专家，并且不断找准发展的方向，让自己走在发展的最前沿。要想做到这些，我们必须学会独立而积极地思考，思考我们的出路到底在何方，思考我们的专业是否有发展前景，思考我们今后的职业生涯是否有一个确切的发展目标。

大学一毕业刘梅就在一家外资企业做人事助理，工作出色，经常受到领导的夸奖。但是，随着工作内容的增多和压力的增大，刘梅觉得自己有些力不从心。经过一番思考后，刘梅觉得还是需要加强自身学习，只有这样，自己才能在职场上永远立于不败之地。

刘梅心想，自己所从事的工作是人事助理，自己就应该在人事理论方面加强学习，为以后自己能在这方面工作有更大的成就打下坚实的理论基础。

于是，刘梅在完成领导交代的任务的同时，还在业余时间里参加了人力资源管理的培训班。在不影响本职工作的前提下，她认真学习这方面的知识，几乎每堂课都能准时参加，每堂课都仔细地做笔记，还经常就疑难的地方请教培训教授，并在工作中灵活地运用所学的知识。功夫不负有心人，最近刘梅升为人事专员，让周围的同事羡慕不已。

以上这个事例中，刘梅的成功就在于她在工作中找到了自己所要发展的方向，并能够主动地思考自己的缺陷，从而加以弥补。她值得每一位蘑菇族学习。

第三，选择合适的学习材料。在工作中，我们可以通过很多材料和渠道进行学习，但是要想使自己的学习效果达到最佳水平，就需要我们选择合适的学习材料。

对于蘑菇族而言，该从何入手呢？我们可以从以下几个方面学习：

表6－2　几种合适的学习材料

学习材料	具体内容
公司提供的培训材料	新员工到公司后一般都要经过短暂的培训，因此，公司提供的培训材料是学习的第一手资料。这些资料针对性和实用性特别强，都是公司今后用到的知识的总结。如果有不懂的问题，我们可以随时提出来，因为你是职场新人，不懂要问，任何人都不会对你的能力表示怀疑
专业知识文档	借助专业知识文档学习，包括工作计划、工作案例、工作数据库等，这可以帮我们尽快熟悉本专业方面的各项知识
相关书籍、网站和论坛	这些内容很多，建议利用工作之后的时间，根据自己的知识结构有针对性地选择书籍，先从基础知识学起。正式出版的书的内容质量都比较高，而网站和论坛的文章则良莠不齐，有些只是只言片语，很多还存在错误。因此，学习这些内容时，我们需要有一定的鉴别能力，否则会被误导，而浪费时间

总之，相信每一位老板都希望自己的职员能非常熟悉和了解业务知识，这样才能确保开展工作时得心应手。因此，我们必须具有丰富的知识，只有这样，我们才能完成领导交给我们的工作任务。另外，如果让老板感觉到我们总是能完成更多、更重的任务，总是能很快掌握新的技能的话，相信我们在他的心目中肯定会有一席之地。

学习人际交往能力

业务能力的提高固然重要，但我们也不能忽视人际交往能力的提升。在如今的职场上，团结协作能力是决定每个企业在竞争中成败的重要标准，如果我们只顾着个人的业务提升，而不善于与他人合作，到头来，我们依旧还是蘑菇族，无法成为“向日葵”。

有不少终日劳累的蘑菇族在工作中也取得了不错的业绩，可是老板每次提拔下属时，他们总是得不到被提拔的机会。为什么我们的上司不喜欢这些蘑菇职员呢？他们到底怎么了？我想，看一看下面这个案例你就明白了。

孙丽蓉在一家外企工作，她非常聪明能干，领悟力强，每次上司交办的任务都是她头一个完成，而且完成得很漂亮。孙丽蓉的突出表现让周围的同事觉得她深得上司器重，她自己也觉得在不久的将来就可以成为一个部门的主管。

一年之后，公司进行人事调整，孙丽蓉也信心十足地做好了竞争准备。孙丽蓉觉得凭着自己一年以来辛勤的工作和骄人的工作业绩，自己是可以胜任这个主管的。可是任命书下来，令孙丽蓉大吃一惊，她落选了。

孙丽蓉顿时感到非常愤懑，终于在一个周五的下午，她找到了自己的上司，询问自己到底在何处做得不好，为什么在提拔下属时没有考虑自己。上司意味深长地说：“小孙啊，你是一个业务很干练的员工，我们也非常高兴能够拥有你这样的员工。可是，你的问题就是只顾自己努力赶路，缺少团结协作的意识，也不会处理好和周围同事的关系，不太照顾团队和其他同事的情绪。所以在我们眼中，你只是一个好下属，而我更愿意你在目前的岗位上发挥作用。而提拔后的岗位需要带动、管理团队，你就未必能胜任了。”

从上面这个案例中我们可以看出，孙丽蓉的失败之处就在于她不会处理工作中的人际关系，在人际交往能力的提高上还需要花费功夫，加强学习。可见，作为蘑菇职员，我们除了业务表现突出之外，还必须重视团队精神，提升自己的人际交往能力。

在职场上，人际交往是一门必修的课程。人际交往能力体现着我们在工作中与他人合作的能力。有人说，人际交往是一门艺术，并且它可能比其他某些技术还要复杂，它要求精心策划、具体实施及随时评价才会保持有效。但实际上，人际交往也并非如我们想象的那么复杂，只要我们在日常的工作中，多注意观察，谦虚向他人学习，我们就会在不知不觉中提升自己的人际交往能力，人际交往能力也会对我们的发展作出很大的贡献。

作为职场新人的蘑菇族，我们应当如何提升自己的人际交往能力呢？我们应该从哪些方面着手呢？以下内容值得我们注意：

第一，要学会安慰和鼓励同事。当我们的同事因某些原因导致情绪非常低落时，往往最需要别人的安慰和鼓励。这时，我们应该学会安慰和鼓励同事，让同事把心中的烦恼和痛苦诉说出来，帮助同事解决困难，分担痛苦。

第二，遇事勤于向同事求助。作为蘑菇职员，我们在工作中一定会遇到很多困难。因此，在工作中，我们应当勤于向同事求助，这样不仅能表明你对同事的信赖，还能进一步拉近你与同事的关系，加深你与同事之间的感情。良好的人际关系是以互相帮助为前提的。当然，我们也要讲究分寸，尽量不要使人家为难。

第三，切忌得理不饶人。在工作中，我们要用一颗包容的心来处理与周围同事的关系，如果我们尖酸刻薄、得理不饶人，时间长了，同事们就会疏远我们。

第四，不能搞小团体。和许多人同处一个办公室，我们在与他们交往的过程中要尽量保持平衡，尽量始终处于不即不离的状态，不要对其中某一个特别亲近或特别疏远。如果我们只喜欢和某一个人或一些人交往，被视为公司内的小团体，别的同事将会渐渐疏远我们。

第五，切忌刨根问底。刚刚走上工作岗位的蘑菇族，对什么都感到新鲜，因而乐于刨根究底。这固然是一种好的品质，但是不分场合、对象和环境，毫无选择、毫无顾忌地东扯西拉，疑问连篇，就让人讨厌了。因此，我们在与同事交谈时，不要去询问他的私生活，能说的人家自己自然会说，人家不愿说的就别去刨根问底。

第六，在交谈中，我们要注视着对方。当别人在说话时，我们要注视他的眼睛。目光的接触既能表达你对别人的言论充满信心，也能显示你重视对方正在发表的意见。另外，我们还应注意确定自己充分了解对方的语意。工作上的困扰往往是因误解和误会而产生，为了确定自己清楚对方的意思，你可以用自己的语句，把对方的话重述一遍，询问对方你理解得是否正确。对方会欣喜自己被人了解，也会对你印象深刻。

当然，在注意以上几点的同时，提升人际交往能力还需要我们掌握以下交往小技巧：

1. 对不喜欢你的人，要尊重。

2. 与周围的人交往，态度要谦卑。

3. 在人多的场合，要多听少说，因为言多必失。

4. 当一个人在你的面前贬低别人的时候，你只要微笑一下就可以了，不要随便发表意见。

5. 当别人遇到困难的时候，要多帮忙，多鼓励。

6. 多给别人一些鼓励和表扬，尽量避免使用批评、指责和抱怨等负面性的词语。

7. 将他人的名字牢记在心，偶尔可以看看名片簿、电话本等帮助记忆。

8. 在跟别人说话的时候，不管你是一个说话者，还是一个倾听者，都要尽量看着对方的眼睛。

9. 一帮人聚在一起，当你和其中某个人谈话的时候，请不要对其他人漠不关心、熟视无睹。

从别人身上找到学习点

在职场中，我们从理论水平、业务知识和人际交往技巧等方面加强学习是非常重要的。但是，我们在工作中所遇到的所有人和事，都是值得我们重点学习的地方。关键是看我们如何从别人身上找到学习点，并将他人的优点为自己所用。

孔子曰："三人行，必有我师焉。"任何人身上都有我们可以学习和借鉴的地方，如果我们在工作中可以虚心地向别人学习，同事之间相互学习和借鉴，那么，我们与同事之间的关系就会更加紧密，我们的团结协作能力就会得到提升，我们就可以快速成长。

可是，我们能从谁身上找到学习点呢？这个人可以是我们的老板，可以是我们的同事，可以是我们的亲朋好友，也可以是我们的竞争对手。

下面的故事可以给大家一些启示。

张雨和李琦差不多同时受雇于一家超级市场。开始大家都是职场蘑菇族，从最底层干起，可不久张雨受到经理青睐，一再被提升，从领班直到部门经理。李琦却像被人遗忘了一般，还在底层苦苦挣扎。

李琦心中不满，就去找总经理讨个说法：为什么对他如此不公平？

总经理一言不发地听着李琦的诉苦，等到李琦发泄完了心中的烦闷，总经理说："你现在马上到集市上去，看看今天有什么卖的。"

李琦不明白总经理想做什么。

"你办完这件事，我自然会告诉你为什么。"总经理看着一脸迷惑的李琦说。

李琦很快从集市上回来说，刚才集市上只有一个农民拉了一车土豆卖。

"一车大约有多少袋，多少斤？"总经理问。

李琦又跑去，回来后说有40袋。

"价格是多少？"李琦再次跑到集市上。

总经理看着跑得气喘吁吁的他说："请休息一会儿吧，看看张雨是怎么做的。"说完叫来张雨对他说："张雨，你马上到集市上去，看看今天有什么卖的。"

不久，张雨回来了。

张雨向总经理汇报说："总经理，到现在为止，集市上只有一个农民在卖土豆，有40袋，价格适中，质量很好（他还带回几个土豆让总经理看）。这个农民过一会儿还将弄几箱西红柿到集市上，据我看价格还公道，可以进一些货。我想这种价格的西红柿总经理可能会要，所以我不仅带回了几个西红柿做样品，而且把那个农民也带来了，他现在正在外面等回话呢。"

李琦听着张雨的汇报，低了下头。总经理说："其实，你在工作中非常勤恳，也非常认真，但是就是不注意在工作中向别人学习，只顾着一个人埋头苦干是不行的。"李琦向总经理表示歉意，并给自己找到了学习方向。

这则小故事在告诉大家以能论职的同时，也明白地告诉我们，要想提高自己的能力，必须学习，向他人学习，学习他人做事的方法和经验。

那么，蘑菇族如何才能从别人身上找到学习点呢？这就需要我们做到以下几点：

第一，向我们的老板学习。老板之所以称之为老板，不仅仅体现在他的职位比我们高，更重要的是他们能力的体现。老板之所以能成为老板，一定有许多你不具备的特质。比如说，思考问题的角度、统筹大局的策略、勇于担当责任，等等。如果我们能随时随地向老板学习，那么，我们做起事来就会更加尽心尽力，像老板一样思考，像老板一样行动。当我们潜心地向老板学习时，我们就会主动考虑企业的成长，考虑企业的未来，我们会感觉到企业的事情就是自己的事情，知道什么是自己应该做的，什么是自己不应该做的。

第二，向我们的同事学习。每一个同事都有各自的优点，这些优点一旦被我们学习吸收，在很多时候对我们有所帮助。我们的同事或许在工作技术上强于自己，或许在职业技能上高于自己，或许在工作经验方面多于自己。因此，向他们学习，学习他们的工作技术、工作技能和工作经验，对我们的工作都能提供极大的帮助。其实，如果我们用心去观察，就会发现，每一个同事身上都有值得我们学习的东西。

第三，向我们的客户学习。向客户学习能让客户的知识经验转变为我们自己知识的一部分。他们可能是我们专业发展的关键。只要细心，我们就能从客户身上学到各方面的知识，打开自己的思路，获得一些可以受用终生的教益。把客户当成财富，不仅要把他们当成我们工作上的财富，还要把他们当成能助我们提升的财富。从客户那里，我们能学到更多有用的东西。

第四，向我们的竞争对手学习。在职场竞争中，人与人之间的竞争也十分激烈，如果我们自己很出色，那么，我们的竞争对手也必定十分出色，对方身上的一些长处也许正是自己所缺少的，我们要以谦虚的姿态和聪明的智慧多向竞争对手学习，这样，我们的成长道路就会更加通畅。如果我们现在还并不出色，那么，我们更应当向比自己出色的竞争对手学习，学得越多，我们在以后的竞争中取得成功的可能性就越大。

其实，向别人学习，不仅局限于工作之中。在日常生活中，我们观察学习他人的机会和亲自锻炼的机会也很多。在家里，来了客人，怎样应酬才能让客人满意；到酒店里宴请客人，看服务员如何招待；等等。处处留心，认真观察学习，就能提高我们的办事能力。

每天学习 1 小时

在知识爆炸的时代，学习成了我们唯一能够立于不败之地的方法。面对繁忙的工作，我们不可能像在学生时代那样整日泡在图书馆里。但是，我们可以给自己安排合适的学习时间，每天学习 1 小时，长期坚持下去，我们定会受益匪浅。

在职场中，我们很多人都觉得自己已经脱离了学校，不用再整天抱着书本学习了。殊不知，这种想法是极其错误的。现代社会发展速度太快，竞争太激烈，现今职场中的任何公司、企业或组织都在向学习型组织转型，如果不能长期坚持学习，我们便不能在竞争中占有优势。企业如此，个人亦然。我们需要不断地学习才能生存。我们要努力提高自身素质，积极适应周围环境，充分利用一切资源，其中包括有限的时间。

每天学习 1 个小时，不仅仅是一种需求，还要使之成为一个习惯。变被动为主动，下意识地自觉学习，我们才能一步步地迈向成功。然而，知识和才干的增长不是一朝一夕的事，只有养成每天学习的习惯，我们才会有不菲的收获。

下面这个案例告诉我们，每天学习 1 小时是自我发展的一个最佳方法。

美国人埃利胡·布里特 16 岁那年，他的父亲离开了人世。由于生活所迫，他不得不到本村的一个铁匠铺当学徒。每天，他都得在炼炉边工作10～12个小时。但是，这个勤奋的小伙子却一边拉着风箱，一边在脑海里紧张地进行着复杂的算术运算。他经常到伍斯特的图书馆阅览那里丰富的藏书。在他当时所记的日记中，就有这样一些条目：

6月18日，星期一，头痛难忍，坚持看了40页的居维叶的《土壤论》、64页法语、11课时的冶金知识。

6月19日，星期二，看了60行的希伯来语、30行的丹麦语、10行的波希米亚语、9行的波兰语、15个星座的名字、10课时的冶金知识。

6月20日，星期三，看了25行希伯来语、8行叙利亚语、11课时的冶金知识。

终其一生，布里特精通了18门语言，掌握了32种方言。他被人尊称为“学识最为渊博的铁匠”，并名垂史册。

我们如果也像埃利胡·布里特那样，每天坚持学习，无论学到多少东西，只要能够把每天的闲散时间整合到学习中去，我相信，我们一定能在职场上永远立于不败之地的。

每天学习1个小时，有没有一个量化的指标呢？这1个小时到底能给我们带来什么呢？按照中等阅读速度每分钟读400字，假如每天抽出30分钟的时间用于学习，可以读12000字；如果能够抽出1个小时，则可读24000字。如果按照这个比例计算的话，我们一个星期读168000字，一个月可读720000字，一年的阅读量可达800000字，相当于20万字的书40多本。这个结果的确很惊人啊！

那么，蘑菇族又该如何把握这1个小时呢？我们该从哪些方面着手呢？

第一，坚持不懈地学习。每天学习1小时，要长期坚持下去，直至形成一个习惯。既然给自己树立了目标，我们就要朝着目标奋进，而不能“三天打鱼，两天晒网”。每天学习1小时，既是目标又是过程。在这个过程中，我们应该时刻做好学习的准备，一直坚持下去。

第二，在工作之余挤出1个小时。比如说，每天早到公司半小时、晚回家半小时；每天晚上挤出1个小时；在中午或下午休息期间挤出1个小时；等等。只要我们能将闲散的时间整合起来，1个小时还是很容易挤出的。

第三，要有学习的方向。每天学习1个小时，并不是让我们毫无目的地阅读书籍，而是需要我们制订一个学习计划，设立一个学习目标，这样我们才能在工作中有所发展。

第四，尽量固定在某一时段进行学习。我们如果能够在工作中固定在某一时间段进行学习，是非常不错的。因为这样更容易使我们坚持下去，也能提高我们的学习效率。

总之，学习不是一蹴而就的事，它是一个长期的任务，需要我们有持之以恒的决心。不会学习的民族是不能腾飞的民族，不会学习的企业是不会进步的企业，不会学习的人是不能成长的人。社会在进步，人类在发展，每个人都要不断学习，不断进步。所以，不要吝啬我们的时间，每天拿出1小时吧，一点一滴积累自己的能量，成功就会离我们越来越近！

永远不要满足现状

在工作中，那些常常安于现状的人，总是会在职场的竞争中原地踏步，甚至是在竞争中被淘汰。我们初涉职场，为了提升自己的竞争优势，我们应该永远都不满足于现状。我们应该在现状中找起点，在现状中找发展，在现状中找未来。

《伤仲永》的故事家喻户晓，而故事中的道理却没能给每个人深刻的触动。许多蘑菇族在工作中取得一点点成绩就骄傲自满起来，不能在现实工作中找到新的突破点，为自己寻找更高的发展平台，这样的员工将会永远处在阴暗的“蘑菇”地带苟延残喘。

我们要知道：永不满足于现状是使事业成功的强有力的保障和动力，尤其是与特定的目标相结合的时候。初涉职场时，我们往往会因自己的辛勤努力而获得进步，若因此而心满意足，那将是获得最终成功的障碍。《伤仲永》中说：“10岁神童，15岁才子，过了20年只是平平凡凡的人了。”这句话恰到好处地点破了其中的含义——满足于现状就会日趋平庸。

不满足于现状，寻找新的未来，古往今来成大事者都是这些远见卓识的智者。他们永远都保持着进取心，永远有更高的目标激励着他们不断努力奋斗。而那些目光短浅的庸人们，小富即安的心态让他们永远只能为了柴、米、油、盐、酱、醋、茶而心力交瘁。

我们常常发现，有些天分颇高的员工，一生却只能做些平凡的事。他们的天分虽高，却从来没有意识到自己应该进步。他们看到的只是月底领薪水，满足于领到薪水后的快乐时间，结果他们的一生总是平平庸庸。之所以会这样，就是因为他们太满足于现状。任何人只要安于现状，就不会有所作为。

相反，那些永远不满足于现状的人却总是会大有作为的。

丝宝集团的董事长梁亮胜出身贫寒，在1968年上山下乡时，他在煤油灯下自学了大学课程。1982年，梁亮胜带着他的太太，和工厂的其他40多名青年员工一道被派往香港工作。当时条件非常艰苦，梁亮胜一家在香港只有四五平方米住房，夫妻两人只能挤在沙发上睡。即使是在这样艰苦的条件下，梁亮胜继续发扬当年挑灯夜读的习惯，凭着坚强的毅力每天晚上坚持去上学。在香港的三年时间里，梁亮胜系统学习了航运、英语、国际贸易和经济管理等课程。后来，梁亮胜依靠国际贸易，向国内贩卖檀香木淘到了第一桶金；再后来，他成立了丝宝集团，推出了舒蕾、风影洗发水等家喻户晓的产品。而和他一起赴港打工的朋友们却仍在给别人打工。梁亮胜说：“回头来看，一起到香港的40多人现在都还在工厂里做工，因为他们满足于现状，觉得现在做工比原来在国内做工好多了。”

以上事例中，正是由于梁亮胜的“不安于现状”，他才有了前进的动力，进而使自己获得成功的。因为他觉得自己可以做得更好，赚更多的钱，过更好的生活。他要给自己当老板，做自己的主人。而原来一起随他到香港做工的40多个同事却没有他这样的动力，所以，他们20年前给别人做员工，20年后仍然只能给别人做员工。

梁亮胜的成功使我们懂得了“永远不满足于现状”的道理，也坚定了我们不断进取的决心。那么，我们该从哪些方面开始给自己加强“不安于现状”的学习动力呢？

第一，给自己设立更高的目标。有了目标，就有了方向；有了方向，就有了坚持的动力；有了持续的动力，我们就不会满足于现状。因此，我们要在工作中给自己设立更高的目标，使今天、明天的自己跨越昨天、今天的自己，在某一领域实现长足的发展。

第二，工作中要勤奋、进取。勤奋是每个员工取得优异成绩的重要保证，但如果取得一点儿成绩就满足了，没有了进取之心，那么，你将永远不能摆脱困境。

第三，认真熟悉多元学习渠道。乐于熟悉多元学习渠道的员工，才会受到企业的青睐，永远保持高昂的战斗力。在学习型社会中，学习是一个积累经验的创意过程，而不是一个充满压力的受教过程。除了学校以外，我们还要拓宽学习渠道，掌握学习方法。在工作中，我们学习的渠道非常多，比如读书、看报、听报告和讲座等。

总之，一劳永逸的知识、一劳永逸的技术和一劳永逸的成绩都是不存在的，我们只有不满足才能继续奋斗，只有不骄傲才能看清方向。我们应打破一劳永逸的幻想，树立不断进取的心态。我们应善于捕捉新动向，主动了解新知识，不断地去自我更新。

测一测　初入职场的你学习能力如何

不断加强学习是一个人成功的基础，学有所成是一个人成功的标志。在现如今竞争日益激烈的社会和时代，学习型人才是每个老板都喜欢的人才。提高学习能力是我们增加竞争砝码的重要途径。因此，我们需要不断提高自身的学习能力。

那么，你的学习能力到底如何呢？做一下下面的测试题你就知道了。

1. 你每天会充分利用业余的闲散时间吗？

A. 经常会　B. 偶尔会　C. 几乎不会

2. 你有没有阅读报刊的习惯？

A. 经常有　B. 偶尔有　C. 几乎没有

3. 你每天会给自己挤出 1 个小时来学习吗？

A. 经常会　B. 偶尔会　C. 几乎不会

4. 当你阅读书刊时，你有没有认真思考的习惯？

A. 经常有　B. 偶尔有　C. 几乎没有

5. 对于那些你不明白的问题，你会主动向别人请教吗？

A. 经常会　B. 偶尔会　C. 几乎不会

6. 初涉职场，你会主动了解你的老板，并像老板一样思考，像老板一样行动吗？

A. 经常会　B. 偶尔会　C. 几乎不会

7. 你在工作中有没有给自己制订一个合理的学习计划？

A. 经常有　B. 偶尔有　C. 几乎没有

8. 如果有一天你没有完成学习计划，你会有惭愧的感觉吗？

A. 经常会　B. 偶尔会　C. 几乎不会

9. 在将要休息时，你会检查一天的学习情况吗？

A. 经常会　B. 偶尔会　C. 几乎不会

10. 你平时有没有剪贴报刊资料的习惯？

A. 经常有　B. 偶尔有　C. 几乎没有

11. 你在读书时，有没有做读书笔记或者知识卡片的习惯？

A. 经常有　　B. 偶尔有　　C. 几乎没有

12. 你在学习的过程中，有没有记下不懂的地方的习惯？

A. 经常有　　B. 偶尔有　　C. 几乎没有

13. 在工作中，你是否善于利用较新的方式解决问题？

A. 经常会　　B. 偶尔会　　C. 几乎不会

14. 你会在学习中联系其他方面的知识进行学习吗？

A. 经常会　　B. 偶尔会　　C. 几乎不会

15. 你善于汲取和借鉴他人好的学习方法和学习经验吗？

A. 经常会　　B. 偶尔会　　C. 几乎不会

16. 你喜欢观察实物或参考有关资料进行学习吗？

A. 经常会　　B. 偶尔会　　C. 几乎不会

17. 你在工作中遇到不知道的东西，有马上掌握它的欲望吗？

A. 经常有　　B. 偶尔有　　C. 几乎没有

18. 你的办公桌上、床头上是否有常用的字典、工作手册等工具？

A. 经常有　　B. 偶尔有　　C. 几乎没有

19. 你在工作中喜欢变换思考的角度来解决问题吗？

A. 经常会　　B. 偶尔会　　C. 几乎不会

20. 你对当前的成绩满意吗？

A. 不满意　　B. 还可以　　C. 非常满意

计分标准

选 A 得 5 分；选 B 得 3 分；选 C 得 1 分。

将每题所得之分相加，即得出你的总分。

自测结果

20 ~ 49 分：你的情况比较危险，你在工作中有些自由散漫、得过且过，不愿给自己制定更高的目标，安于现状。希望你能改变以往的工作作风，尽快端正工作态度，提升自己的学习能力。否则，你将会在竞争中逐渐落败，直至被淘汰出局。

50～79分：你的学习能力尚需提升，在工作中由于压力的增大和事情的繁杂，你可能会由于某些原因中断学习，但你还会因自己的毅力重新将学习放在自己的工作中，使自己不断成长。你可能会因自己的意志力不足而惭愧，希望你能坚持不懈地学习。

80～100分：你的学习能力非常强，你也能在工作中找到自己的学习切入点，然后根据自己设定的目标逐渐使自己成长、强大起来。

第7章

内修心、外修形，不可忽视言谈举止

行走坐立——蘑菇族要有范儿

俗话说："站有站相，坐有坐相。"一个人的行走坐立能直接体现这个人的素养、风度和气质，因此，我们虽然身陷"蘑菇"地带，但是也要在行走坐立上体现我们的范儿，让自己在职场中表现出积极向上的最佳状态。

行走坐立是一个人最基本的行为状态，通过一个人行走坐立的姿势，我们可以看出他的性格、习惯、素养及气质。因此，培养自己良好的范儿，我们还要从行走坐立开始。

第一，培养有范儿的走姿。走姿是人们行走时的姿态。行走是人们生活中的主要动作。走姿能直接反映出一个人的精神面貌、性格特点等。优美的走姿属于动态美，它要求稳健、轻盈、大方、有节奏感。无论是在日常生活中，还是在社交场合，走路往往是最引人注目的身体语言，也最能表现一个人的风度和活力。

如何培养有范儿的走姿呢？这需要我们做到走路时，抬头、挺胸、收腹，伸直背肌，维持正确的姿势。跨步要均匀，两脚之间相距为两只脚的距离。走路时要目光平视，手臂自然摆动，摆手幅度不要太大，手臂与身体的夹角一般在10°～15°，身体不要前后晃动。

需要我们注意的是，在行走过程中，我们一定要注意不摇晃肩膀和上半身，否则走姿非常难看，自己的形象也会大打折扣。

第二，培养有范儿的坐姿。正确的坐姿可以给人以端庄、稳重的印象，使人产生信任感，同时也可以给双方的交往和交谈带来方便。

在掌握正确的坐姿方面，我们需要做到以下四点（见表7－1）。

表 7-1 正确的坐姿

正确坐姿	具体内容
轻轻坐下	当别人请我们坐下时，我们应当走到座位前，转身后轻轻地坐下。需要注意的是，如果是身着裙装的女士，在就座之前应先将裙摆捋一下，以免将裙子坐皱
坐满椅子的 2/3	坐下时，我们应当坐满椅子的前 2/3，而不是一屁股坐满整张椅子。坐下时，上身应正直而稍向前倾，头平正，两手交叠放在自己腿上，男性可双膝自然分开与肩同宽，女性则应双膝并拢
不能过度放松	坐姿能反映一个人的修养和他的精神状态，我们就座后，不能表现出过度放松的姿态。比如，即使是坐在很舒服的沙发上，我们也不能将后背靠在椅背上，这样一方面会显得你过于放松、没有礼貌；另一方面，背靠沙发会给对方留下傲慢的印象，不利于你们的进一步交流
交谈时的坐姿讲究	如果是面对面谈话，交谈时我们应该将身体微微前倾，双膝自然并拢，双腿正放或侧放，双脚并拢或交叠。但是，我们不应将腿翘得太高，尤其是女士，如果将腿跷得过高，这样会露出衬裙，有损美观和风度。另外，双膝也不要并得太紧，这会使人产生一种紧张、缺乏安全感的感觉。还有一点要谨记，那就是你再紧张、再心烦，也不要抖动你的双腿

第三，培养有范儿的立姿。正确的立姿会给人留下挺拔劲秀、舒展俊美、庄重大方、精力充沛、信心十足、积极向上的印象。如果我们在职场中没有培养出一个良好的立姿，站立时完全没有美感，那么，我们给别人传递的信号就是对对方的不尊重，这将对我们非常不利。

刘欣是一名刚入职的销售员。初入职场，他兢兢业业，十分勤奋，老板对他的工作也十分满意。有一天，老板让刘欣去见一个客户，如果借着这次机会能够促成与客户的合作，刘欣将会更受老板重视。于是，刘欣在拜访客户之前，做了很多准备工作。

拜访客户的日子终于到了，刘欣使出了浑身解数，几乎已经成功地说服了他的客户。可是，当他们站到办公室的吧台前谈具体事宜时，刘欣的站姿却坏了事：他歪歪斜斜地站在那里，一只脚还不停地点地，好像打拍子一样。刘欣的客户觉得对方是在表示不耐烦和催促，于是就用“下一次再说吧”把他打发走了。

以上案例中，刘欣的立姿给他带来了意想不到的后果。因此，在工作中，蘑菇族很有必要培养一个良好的立姿，如果对这些礼仪性质的细节不加留意，那么，我们在工作中就可能会吃亏。

我们在培养标准范儿的立姿时，应注意些什么呢？具体来说，是这样的：

（1）站立时，基本的要求是抬头、挺胸、收腹。竖看要有直立感，即以鼻子为中线，整个身体大体呈直线；横看要有开阔感，即肢体及身段给人以舒展的感觉；侧看要有垂直感，即从耳与颈相接处至脚的踝骨前侧应大体呈直线，给人一种挺、直、高的美感。

（2）男女立姿应形成不同风格，男子应显得风度洒脱、挺拔向上、舒展俊美、精力充沛；女子应显得庄重大方、亲切有礼、秀雅优美、亭亭玉立。男子站立时身体重心应放在两脚中间，不要偏左或偏右；双脚与肩同宽；手可自然下垂，在体前或体后交叉。女子站立时身体重心在两足中间脚弓前端位置；手自然下垂或腹前交叉。男士站立时两脚需与肩同宽，身体平稳，双臂自然下垂，下颌微抬；女士站立时应两脚张开呈小外“八”字或“V”字形。

培养有范儿的立姿除了要做到以上两点外，还应注意以下七大禁忌：

1. 忌两腿交叉站立，因为它给人以不严肃、不稳重的感觉。

2. 忌双手或单手叉腰，因为它使人显得大大咧咧、傲慢无礼，在异性面前有挑逗之嫌。

3. 忌双手反背于背后，给人以傲慢的感觉。

4. 忌双手插入衣袋或裤袋中，显得拘谨、小气。

5. 忌弯腰驼背、左摇右晃、撅起臀部等不雅站姿，否则，你就会给别人留下懒惰、轻薄、不健康的印象，大大有损你的个人形象。

6. 忌身体倚门、靠墙、靠柱，给人以懒散的感受。

7. 忌身体抖动或晃动，因为它会给人留下漫不经心、轻浮或没有教养的印象。

言行——形象需从沟通中体现

言行，是我们在日常生活中与外界进行沟通时在特定环境中、特定条件下发生的特种交往手段，是每个人工作、生活和交流的需要。因此，要塑造良好的形象，蘑菇族还可以从沟通中体现出自己深厚的文化内涵、良好的心理素质和缜密的思维水准。

语言，是人们与他人交流信息、沟通情感的重要媒介。中国有句俗语："良言一句三冬暖，恶语伤人六月寒。"还有人说："语言是把双刃剑，可以伤人，也可以暖人心。"在日常工作中，我们是通过不同的言谈方式与他人进行沟通、疏导、解决问题、排解矛盾的。要想取得良好的言谈效果，我们就得在与交往对象进行沟通交流的过程中特别注意言谈礼仪。

那么，蘑菇族如何将形象在沟通中体现出来呢？具体而言，是这样的：

第一，在沟通中，谈吐体现修养。在沟通中，掌握好语言谈吐的方法与技巧，是完美体现自身修养的基础。准确的言谈是为了完整表达自己的意见，准确的含义不仅包括发音的准确，还有避免歧义、回避不熟悉的话题等方面的内涵。

那么，在沟通中，如何通过谈吐体现修养呢？这需要我们做到以下几点：

表7－2　通过谈吐体现修养的方法

方法	具体内容
使用普通话	我国是一个多民族国家，地方方言很多，要掌握每一种方言是不可能的。在我国，普通话是我们的国语，使用普通话可以消除语言方面的障碍，使我们能够更加顺畅地与他人交谈
精确地表达	在与他人交谈时，把自己的意思表达清楚是言谈的最基本要求。要想自己的想法、意见让他人准确地接受，需要我们在谈话中首先要尽量使用精练、通俗的语言，避免使用似是而非、晦涩难懂的语言
简单而明了	说话要力求简单明了，尽量少使用长句子，多使用短句子，注重中心词的选择。切忌不分场合、地点的滔滔不绝，或节外生枝，不着边际，使听者不知所云
发音要适度	说话的声音以及声音的大小在说话中是非常重要的。每个人都可以把自己的声音调整到最佳状态，最好听的声音是提起笑肌后发出的声音，我们要学会微笑着说话。说话的声音大小能够让对方听清即可，不必太高，语气、语调要平和，让听者感到自然、亲切

需要我们注意的是，我们在平时的谈话中，还要切忌对自己不熟悉的内容侃侃而谈，以免引起误解和不确切的表达。

第二，在沟通中，交谈要有礼节。交谈是靠语言和非语言构成的沟通方式。在双方互动的表达过程中，还需要我们注意以下交谈中的礼节。

（1）发起话题，注意礼貌用语。在交谈中，我们应时刻不忘礼貌用语。职场人员最常使用的礼貌用语有："您好""请""对不起""谢谢""再见"等。特殊的岗位，还会有一些特殊的礼貌用语，商务人员一定要熟练掌握并灵活使用。

（2）选择话题，顺利加入交谈。讲话时，我们应选择合适的话题，如双方商定的话题，必须传达给对方的话题等。进行闲聊式情感沟通时，还可以选择双方都感兴趣的话题，以及时尚休闲的话题等。在别人正在和他人交谈时，我们首先要了解他们谈话的主题，在对别人没有妨碍的情况下，才可考虑加入交谈。加入交谈时，应先和在场者打个招呼，如点头示意，得到回应后方可加入，或直接轻声说："我可以听听吗？”

另外，在与人交谈时，我们还应尊重原交谈者，在别人正在谈话时，我们要继续让他们唱主角，不可喧宾夺主，坐下来就侃侃而谈。只有在适当的时候或得到原交谈者示意的情况下，我们方可谈自己的看法，但一般不提出新的话题。

（3）莫破谈兴，合理申请插话。不要轻易打断对方的谈话，如果必须插话时，我们应先经过谈话者的同意。可以说：“请允许我打断一下。”“我提个问题好吗？”“不好意思，我能打断一下吗？”这样可以使对方感觉到你对他的尊重，以免产生误会。

（4）求同存异，最后发表看法。如果有不同的看法需要提出，应待谈话者谈完之后。如果交谈双方或多方比较熟悉，可先简单表示一下看法，待对方说完后再作详细阐述。

在交谈中，除了做到以上礼节之外，我们还应注意以下几点交谈禁忌：

1. 忌言而无信。古往今来，人们都把信用看得非常重要。人离不开交际，交际少不了信用。“志不强者智不达，言不信者行不果”，讲的都是一个“信”字。“一朝失信，终生无友”，并非耸人听闻。为避免失信，我们在平时说话时要做到不轻易许诺，办不到的事不要应允，答应的事就要尽全力兑现，不能养成爱说大话的习惯。

2. 忌自吹自擂。在交谈中，适度地让对方了解自己、认可自己是无可厚非的。但是，我们还应该注意个“度”，如果我们过度地炫耀自己，则会让对方产生反感，那么，我们也成了自吹自擂、无视别人存在的令人厌恶的对象。

3. 忌恶语伤人。交谈中出现意见分歧是常有的事，甚至争辩都有可能。遇到这种情况，我们首先要冷静，不可动怒，不得失礼，更不可出言不逊，甚至讥讽辱骂、恶语伤人。

4. 忌飞短流长。谈话一般不应涉及他人的是非，不要非议他人，也不要不负责任地传播小道消息。应避免谈论别人不愿提及的事情，若无意中谈到应及时道歉并转移话题。

5. 忌手势过多。过多过大的手势容易干扰和分散听者的注意力，而且还会给人不稳重的感觉，影响谈话者的形象。

手势——给你的形象加分

手势，是我们在人际交往过程中常用的一种肢体语言，手势的运用不仅丰富了我们表达的内容，而且还能激发交往对象的共鸣。但是，手势语言是一把双刃剑，运用恰当则利，反之则弊。因此，我们只有正确运用手势语言，才能为自己的形象加分。

在不同的行业，有着不同的手势。职业军人有着军人的特殊手势，篮球场上有着特殊的规则手势。而在职场上，蘑菇族也需要注意一些手势，学习一些手势语。俗话说："心有所思，手有所指。"手的魅力并不亚于眼睛，甚至可以说手就是人的第二双眼睛。手势表现的含义非常丰富，是举止、仪态礼仪中最丰富、最有表现力的内容。在手势的运用中把握好相关的礼仪，能使我们在人际交往中提升自己的个人形象。

当然，运用好手势语言，将手势礼仪做得恰到好处，还需要蘑菇族注意以下几点：

第一，认清手势的类型及含义。一般来说，我们在交往过程中采用的手势语主要分为四类，即情意性手势、指示性手势、象征性手势和形象性手势（见表7-3）。

表 7 –3　手势的分类

类型	含义
情意性手势	主要用于带有强烈感情色彩的内容，其表现方式极为丰富，感染力极强
指示性手势	主要用于指示具体事物或数理，其特点是动作简单、表达专一，一般不带感情色彩
象征性手势	主要用来表示一些比较复杂的感情和抽象的概念，从而引起对方的思考和联想
形象性手势	主要作用是模拟事物的形状，以引起对方的联想，给人一种明确的印象

第二，常用手势语的做法及适用情况。在职场中，常用的手势语一般有五种，即横摆式手势语、斜摆式手势语、直臂式手势语、双臂横摆式手势语和前摆式手势语。

上述几种手势语的做法及适用情况见表 7 –4。

表 7 –4　常用手势语的做法及适用情况

手势语类型	具体做法	适用情况
横摆式	将右（左）手五指伸直并拢，手掌自然伸直，手心向上，肘微弯曲，腕低于肘。以肘关节为轴，手从腹前抬起向右（左）摆动至身体右（左）前方，并与身体正面成45°时停止	在商务场合中表示“请”“请进”时用此手势语。使用时应注意，脚站成右丁字步，头部和上身微向伸出手的一侧倾斜，另一只手下垂或背在背后，目视宾客，面带微笑
斜摆式	手先从身体的一侧抬起，到高于腰部后，再向下摆去，使大小臂呈一斜线	请客人就座时，应摆向座位的地方，可使用斜摆式手势语
直臂式	将手指并拢，掌伸直，屈肘从身前抬起，向应到的方向摆去。摆到肩的高度时停止。肘关节基本伸直	需要给宾客指方向时，可采用直臂式手势语

续表

手势语类型	具体做法	适用情况
双臂横摆式	将两手从腹前抬起，手心向上，同时向身体两侧摆动，摆至身体的侧前方，上身稍前倾，微笑施礼，向大家致意，然后退到一侧	当来宾较多时，表示“请”可以动作大一些，这时候可采用双臂横摆式手势语
前摆式	将五指伸直并拢，掌心向上，手臂由体侧向体前摆动，摆到距身体 15～20 厘米处时停住。身体略微前倾，头略往手势所指方向偏，面向客人，面带微笑，目视来宾	如果右手拿着东西或扶着门并要向宾客做向右“请”的手势时，可以用前摆式手势语

第三，注意使用常用手势语的礼仪规范。手势是无声的语言，这种语言更需要礼仪规范。在职场中，蘑菇族可以从以下几个方面来加强手势语礼仪方面的修养。

（1）加强基本手势的练习。基本手势语一般分为垂放和背手两种。在垂放时，我们需要注意的是：一是双手自然下垂，掌心向内，叠放或相握于腹前；二是双手伸直下垂，掌心向内，分别贴放于大腿外侧。背手时，我们要将双臂伸到身后，双手相握，同时昂首挺胸。

（2）待人接物热情周到。接物，即用手拿东西。具体做法可用一只手，也可用双手，拿东西时要动作自然，五指并拢，用力均匀，不要翘起无名指与小指，以避免作态之嫌。

（3）鼓掌要礼貌得体。在正式社交场合，例如，观看文艺演出、重要人物出场、听报告、听演讲时，都用热烈鼓掌表示钦佩、祝贺。鼓掌的标准动作应该是用右手掌轻拍左手掌的掌心。鼓掌时不应戴手套，宜自然，随自然终止。

（4）掌心向上表诚意。掌心向上的手势有诚恳、尊重他人的含义；掌心向下的手势意味着不够坦率缺乏诚意等。在介绍某人、为某人引路、请人做事时，应该掌心向上，以肘关节为轴，上身稍向前倾，以示尊敬。

另外，使用常用手势语时，除了注意以上礼仪规范外，还应注意以下一些禁忌：

1. 不要滥用手势。在公共场合，手势不宜过多，动作不宜过大，切忌“指手画脚”和“手舞足蹈”。没有目的地、接连不断地使用手势，或单调地重复某一种手势，双手叉腰，与人说话时指指点点等都是滥用手势的表现，容易引起别人的不快。

2. 忌不稳重的手势。在大庭广众之下，双手乱摸、乱动、乱举、乱放、乱扶，或是咬指尖、抬胳膊、折衣角、拢头发、拍大腿等手势，均为不稳重的表现。我们应切忌有此种动作。

3. 不用手指指他人。这是不礼貌的做法。在任何情况下都不要用大拇指指自己的鼻尖和用手指指他人。谈到自己时应用手掌轻按自己的左胸，那样会显得端庄、大方、可信。

第四，注意相近或同一手势语表现出的不同含义。不同国家、不同地区、不同民族，由于文化习俗的不同，手势的含义也有很多差别，甚至同一手势表达的含义也不相同。所以，只有了解手势表达的含义，才能合乎礼仪。几种相近或相同手势语的含义见表 7－5。

表 7－5　几种相近或相同手势语的含义

手势语	具体含义
翘大拇指手势	翘起大拇指，中国人赋予其积极意义，表示敬佩或夸奖别人。而在美国和欧洲部分地区，翘大拇指表示要搭车；在德国表示数字“1”，在日本表示“5”，而在希腊翘大拇指却是让对方滚蛋的意思
“OK”手势	该手势的做法是拇指、食指相接成环形，其余三指伸直，掌心向外。“OK”手势源于美国，在美国表示“同意”“顺利”“很好”的意思；在法国表示“零”或“毫无价值”；在日本表示“钱”；在泰国表示“没问题”；在巴西则表示粗俗下流
“V”形手势	这种手势在我国过去表示“二”。第二次世界大战时的英国首相丘吉尔首先使用这种手势，表示“胜利”，后来这一手势在英国、新西兰、澳大利亚等国家表示为“胜利”的意思。但如果掌心向内，就变成骂人的手势了
伸出食指	在中国、日本、韩国、菲律宾、印度尼西亚、墨西哥均表示数字“1”；在法国则是请求提出问题或意见；在缅甸是拜托的意思；在新加坡表示“最重要”；在澳大利亚则是示意“请再来一杯啤酒”

续表

手势语	具体含义
伸出小拇指	在中国表示轻蔑；在日本则表示“情人”
手放在喉咙上	俄罗斯人的意思是吃得太饱了；而日本人的意思是斩首或被炒鱿鱼了
把手放在嘴上	在俄罗斯表示别讲话；而危地马拉的印第安人却是在鼓励对方继续讲

另外，还需要注意的是，在人际交往中，我们应尽量少使用响指，尤其是在异性面前绝对不能使用响指。一般来说，响指是为了表示高兴，有时表示对别人所说的话或举动感兴趣或完全赞同，但有时则视为某种轻浮动作，尤其在女性面前，做这一动作会使人感到轻佻。

微笑——给自己一片晴天

微笑，是现代职场中沟通的有效法宝，是人际关系的磁石。微笑可以和我们的有声语言巧妙地结合在一起，给人以美好的享受。在工作中，我们离不开微笑，魅力的形象更需要微笑。微笑，既是人们心灵沟通的桥梁，也是自己心灵的一片晴天。

在职场的人际交往中，微笑占有相当大的比重。微笑是一种特殊的语言，它是心理状态的外在表现，有时能起到言语所起不到的作用。善用微笑是人际交往中比较重要的一个礼仪环节。对于蘑菇族来说，给自己的形象多添一份色彩，就需要通过微笑表现出温馨、亲切的表情，有效地缩短双方的距离，给对方留下美好的心理感受。

杜鹃大学毕业后只身来到上海，在一家广告设计公司举办的集体招聘会上，她从一千多名竞选者中脱颖而出，被公司录取了。工作后的一次偶然机会，杜鹃问总经理，为什么会在那么多应聘者中选中她呢？总经理的回答有些出乎她的意料："你的微笑感染了我，通过微笑，我能看到你有一种其他求职者所不具有的自信。"

杜鹃在平常的工作中也总是一脸的微笑，无论是上司还是普通员工，她都会用善意的笑容来面对大家，很快，她就跟同事们打得"火热"了。

可见，微笑有一种无穷的、无形的力量，不仅能使我们在人际交往中传递真诚与善良，更为我们美好的个人形象的树立起到锦上添花的作用。

或许你会说："我们连笑也不会吗？"

其实，我们都会笑，问题是我们微笑的力量能否表现出来，微笑的时机能否把握准确，微笑的收放能否从容自如。要做到这些，就需要我们认真学习"微笑"了。

第一，在微笑中表现真诚。真诚的微笑才是最自然、最美丽的微笑，它是我们在被快乐、幸福包围时愉悦感、幸福感的真实流露。

那么，真诚的微笑究竟是什么样的呢？真诚自然的微笑应该是五官不发生显著的颤动和位移，额部肌肉收缩使眉位提高，眉毛展开略呈弯月形，面部笑肌有意识地收缩，双唇的开合不宜过大，牙齿以不露出为佳，嘴角稍微用力向两侧拉直使嘴角呈船形。

我们应注意的是，在微笑的时候要做到"三不要"（见表7－6）。

表7－6　微笑"三不要"

"不要"事项	具体内容
不要怯笑	怯笑就是用手掩住嘴，这会给人一种扭捏、小气的印象，是很难让人喜爱的
不要冷笑	冷笑含有怒意、讽刺、不满、无奈、不屑一顾的意思，很容易使人产生敌意
不要媚笑	媚笑是有意讨好别人的笑，有一定的功利性目的，不仅招人反感，还会降低你的人格

第二，把握微笑的时机。微笑，是需要时机的，不是在什么情况下

我们都能用微笑面对他人。我们应该知道，什么时候展现出笑容是至关重要的。

（1）与交往对象目光接触的瞬间展现微笑。这一时刻所表现出的微笑，是对对方的友好。反之，如果与人对视，面无表情，则会传达出冷漠、厌恶、敌视的含义。如果与对方目光接触的瞬间仍然延续之前的表情，即使是微笑也会让人感觉有些故作姿态。

（2）在严肃庄重的场合避免微笑。我们在严肃庄重、悲痛伤感的场合，不要流露出笑的表情，而应该与周围环境、气氛保持一致。

第三，注意微笑的收放。在人际交往中，笑容容易给人留下美好而深刻的印象，但我们要注意微笑的收放，不能一笑便不可收拾，否则会起到相反的作用，使自己的形象大打折扣。

另外，我们要把握微笑的时间长度，做到收放有度。一般来说，微笑的最佳时间长度以不超过 3 秒钟为宜，如果时间过长就会给人假笑或不礼貌的感觉。其实，在微笑的启动和收拢的过程中也蕴含着微笑的表情，并不是只有 3 秒钟的表情是微笑的。其余的时间段内，应该适当地将笑容微微收拢，保持亲和的态度就可以了。

小提示

为了做到收放自如，我们可以站在镜子前努力练习。每天早晨离家前，最好在镜子里看看自己是怎样的一副表情，是柔和的、精力充沛的，还是一张写满倦意的脸。如果早上起来就一副没精打采的样子，那最好先振奋精神再出门，对着镜子笑上3分钟是一个不错的主意。

第四，把握微笑的层次变化。在整个交流过程中，我们微笑的程度要有所变化。微笑的程度有很多层次，有“浅浅一笑”“眼中含笑”，也有“热情的微笑”“开朗的微笑”。在什么时候用什么样的微笑是不可能也不应该用具体的标准制定出来和严格遵循的，我们可以根据交往过程中的交流情况和个人特点自然随机地把握微笑的层次变化。

第五，注意微笑的学习方法。我们在平时的生活中，可以有意识地练习微笑，给自己和别人呈现一副亲近的笑容。在这方面，原一平是我们的好榜样。

日本保险推销业的“全国之冠”原一平25岁当实习推销员时，身高1.45米，又小又瘦，实在缺乏吸引力，可以说是先天不足。但他苦练笑容，并且获得了成功，被日本人誉为“价值百万美金的笑”。原一平认为，婴儿般天真无邪的笑容最具魅力。于是，他花费了很长时间练习笑，直到在镜中看见自己的笑容与婴儿的笑容相差不多时才罢休。他甚至检查自己的笑容有多少种，并且认为自己有含义不同的39种笑容，列出了各种笑容要表达的心情与意义，然后再对着镜子反复练习，直到镜中出现所需要的笑容为止。

那么，如何才能更好地练习微笑呢？这里有一些比较可行的好方法（见表7－7）。

表7－7　练习微笑的方法

方法	具体做法
适当放松	放松面部肌肉，然后使嘴角微微向上翘起，让嘴唇略呈弧形。在不牵动鼻子、不发出笑声、不露出牙齿，尤其是不露出牙龈的前提下，轻轻一笑
融入情感	闭上眼睛，调动感情，并发挥想象力，或回忆美好的过去，或展望美好的未来，使微笑发自内心，有感而发
对着镜子练习	使眉、眼、面部肌肉、口形在微笑时和谐统一
当众练习	按照要求，当众练习，可以使微笑规范、自然、大方，也可以使我们克服羞涩和胆怯的心理。我们还可以请观众评议后再对不足之处进行纠正

总之，微笑礼仪已成为流行于世界的社会竞争的有效手段，是社会

文明进步的体现。在当今社会竞争加剧、人们生活节奏紧张的状况下，人类更加需要用笑容来点缀生活。因此，刚刚跨入新单位的蘑菇族，我们应懂得重视微笑的力量，用微笑给自己打造一片晴朗的天空。

测一测　你给公司的总体形象如何

在职场中，树立自身美好的个人形象是一门综合性艺术，它牵涉到多个方面、多个层次和多项内容，需要我们花费一些心思和时间。

那么，你给公司的总体形象如何呢？认真自测一下，答案便会很快揭晓。

1. 你多长时间理一次发？

A. 半个月　　B. 一个月　　C. 两个月

2. 参照本章的内容，你的发型是否和自己的脸型、年龄匹配？

A. 非常匹配　　B. 比较匹配　　C. 不匹配

3. 你平时在意职业装的穿法吗？

A. 非常在意　　B. 有时在意　　C. 不在意

4. 你在工作中是否喜欢穿休闲服装？

A. 很不喜欢　　B. 不太喜欢　　C. 喜欢

5. 你在意过自己的鞋袜搭配吗？

A. 非常在意　　B. 有时在意　　C. 不在意

6. 你在他人面前经常微笑吗？

A. 经常　　B. 偶尔　　C. 从不

7. 在工作中，你注意过自己的坐姿吗？

A. 总是注意　　B. 有时注意　　C. 从不注意

8. 在工作场合，你注意过自己的立姿吗？

A. 总是注意　　B. 有时注意　　C. 从不注意

9. 在现实职场中，你注意过自己的走姿吗？

A. 总是注意　　B. 有时注意　　C. 从不注意

10. 你和别人交往的过程中有过多的手势吗？

A. 不太多　　B. 比较多　　C. 非常多

11. 你和别人交谈时说普通话吗？

A. 一直说　　B. 偶尔说　　C. 从不说

12. 你经常使用礼貌用语吗？

A. 经常用　　B. 偶尔用　　C. 很少用

13. 你会倾听别人的言谈吗？

A. 经常会　　B. 偶尔会　　C. 很少会

14. 你在职场上是否注意给自己化妆？

A. 总是注意　　B. 有时注意　　C. 从不注意

15. 你有没有给自己制订一个打造个人形象的计划呢？

A. 正在实施　　B. 已经制订　　C. 还没制订

计分标准

选 A 得 4 分；选 B 得 2 分；选 C 得 1 分。

将每题所得之分相加，即得出你的总分。

自测结果

15～29 分：来到新公司后，你依然不注意自身的形象，觉得在形象方面无所谓，也从不想着打造个人形象，因此，你给公司留下的总体形象也不太好。要注意了！

30～49 分：刚到新单位上班，你比较重视自己的形象，但是还没有形成时刻关注自身形象的习惯。并且，你还没有给自己一个持久的打造个人形象的计划。尚需努力！

50～60 分：你很有范儿。初入职场，你会把形象当回事儿。并且，你很会打造自己的个人形象。你在工作场合给大家留下的总体形象也相当不错。请再接再厉！

第8章

提高自己，成功转向“向日葵”

认清优势，找准“蘑菇”生长突破点

在这个世界上，每个人都是独一无二的。即使你很平凡，你也有自己的优势，你也能发挥自己的潜能。关键是要善于寻找自己的优势，善于展示自己的优势。一个善于发掘和展示自己优势的人，必将成功摘取职场的桂冠。

职场中，每个人都有自己的优势，在适当的场合展示自己的优势，是获得成功的重要途径之一。这是因为，通过展示自己的优势和强项，一方面可以战胜对手脱颖而出，在竞争中获胜；另一方面能得到“伯乐”的赏识，委以重任。实践证明，一个善于寻找优势、展示优势的人，要比那些有本领但不愿或不敢抛头露面的人的机会要多得多。

寻找优势、展示优势是一名蘑菇族傲立职场的关键。俗话说：“尺有所短，寸有所长”，每个人都有自己的长处和短处，我们在职场中应该学会扬长避短，认清自己的优势，经营自己的强项，找准蘑菇成长的突破点，这样我们才能早日成功转向“向日葵”。

在竞争如此激烈的现代职场中，人人都想着成功，成功的人也不胜枚举，他们成功的共同点就是比他人更懂得扬长避短。相反，如果我们用自己的短处与别人的长处竞争，就等于把自己放在劣势地位，也就无法在激烈的竞争中脱颖而出，取得成功。事实上，成功非常简单，那就是扬长避短，经营自己的强项。

因此，在职场中，我们要打造自己的亮点，选择自己的长处来工作。经营自己的优势，则会发挥无限潜能，最终获得成功。否则，我们将会在永久的自卑和失意中沉沦。

袁慧茹，大学毕业后来到一家酒店参加应聘，经过层层筛选，和其他几位同事一起被录用，做了酒店的财务人员。初涉职场，凭借自身的专业知识和辛勤努力，袁慧茹不到半年便在同时进入酒店的同事中崭露头角。财务经理对袁慧茹的表现也十分满意，心想，袁慧茹足可胜任财务部门的专项负责人。

袁慧茹的成绩虽然引起了上级的注意，但也引起了其他同事的妒忌。其中有一位财务人员，每天都死盯着袁慧茹的工作，处处争、比、赶、超，这给她带来了一种无形的压力。为了使自己快速走出蘑菇族，袁慧茹开始考虑给自己充电，以便稳固自己的地位。

袁慧茹在业余时间选择了学习更深的电脑知识，甚至连编程都认真地学，同时还学英语，以此来增加自己的竞争砝码。可是让她万万没有想到的是，她的努力却使她落在了别人的后面，财务负责人的位置被别人迫不及待地占有了。怎么也想不明白的袁慧茹懊悔不已，扪心自问不得不承认：自己在管理账务方面本来就不差，虽然有一些方面还需加强，只可惜选错了方向。要是在自己最有优势的方面入手，就不会让对手有可乘之机了。

袁慧茹的遭遇告诉我们，要想在职场竞争中占有优势，我们就要认清自己的长处，好好地去经营它，只有这样，我们才能慢慢使自己成长起来，并成功转向职场“向日葵”。

英国海军上将西德尼·史密斯曾说：“不管你擅长什么，都要顺其自然；永远不要丢开自己天赋的优势和才能。”是啊！只有当你发现了自己的优势，并合理地展示了自己的优势时，你才有可能获得成功。就像一个火车头一样，它只有在铁轨上才是强大的，一旦脱离轨道，它就寸步难行了。一个人竭尽全力去做一件事而没有成功，并不意味着他做任何事都无法成功。要是他选择了不能展示自己优势的职业，这就注定了他难以成功。

那么，蘑菇族怎样才能找准生长突破点呢？做到以下两点即可。

第一，认清自己的优势，好好去经营它。成功源于经营自己的强项，发挥自己的优势。尽早地发现自己的强项，并努力经营自己的强项，使自己的强项发挥到极致，这是通向成功之路的捷径。我们在职场中应该努力寻找自己发展的突破口，集中自己的优势参与职场竞争，长时间地在自己的强项上下功夫。只有这样，我们才能成就大业。

第二，避免花大力气弥补自己的缺点和不足。每个人都有自己的长处、缺点和不足。如果我们耗费大量精力去弥补自己的缺点和不足，而完全忽略自己的优势和强项，那么，我们就不能使自己有所成就，反而会使自己的优势不能得以淋漓尽致的发挥，因为一旦选择错误，即使付出再多的精力，我们也难以抵达目标。所以，我们在确立自己的目标时，应当结合自身的实际情况，与其在劣势上耗费大量光阴和精力，不如把它们放到自己的强项上。扬长避短，才是智者所为；经营自己的强项，才是通往成功的最佳途径。

总之，长处本身就是一种优势、一种能力，是一个人与职场进行价值交换的资本。一个人能否成功，就看他是否能最大限度地发挥自己的长处。

在工作中善于总结

在工作中善于总结，就是我们通过自省、自察，给自己今后的工作一个明确的指导，使我们在工作中少走弯路。不会总结的职员就不是一个会工作的好职员，也不是一个能够让自己快速成长的职员。因此，要想成功，就要善于总结。

“吾日三省吾身”，是千年不变的真理。在工作中，如果我们能做到这样，成功便指日可待了。很多成功者都会把自己成功的经验归结为四个字——“善于总结”。把“善于总结”提升至这个高度其实是不夸张的，因为大多数成功者都是凭借这一点一步一步走向成功的。

有一个企业的中层经理曾这样告诉他的员工：“我的成功之路总结起来有三点：一是想要实现理想就要从最基层做起，积累经验，练就扎实的基本功；二是起点低了不要紧，境界一定不能低，要时刻谨记自己的理想；三是在每一个岗位上都要做好，只有这样才会提高自己的核心竞争力，才会发展得更快。”他还说，只要善于总结，不断进取，相信每个人都会实现自己的目标。看到中层经理这样的总结，我们也会为之心动，因为我们也想走出“蘑菇”地带，成功转向“向日葵”。因此，我们也应该像这位中层经理一样在工作中善于总结。

不断总结，总结出的每条经验与教训，都是我们走向成功的基石。一件工作无论是出色地完成了，还是没有完成，都需要我们对它作一个总结。所作的总结慢慢地就会成为我们将来做事的经验，在以后的工作中就会使我们尽量避免出现类似的错误。

一家大型企业准备招聘一名文秘，来参加的应聘者众多。应聘者当中不乏博士、硕士，但人事部经理最终只雇用了一位通过自学考试的大专生——单婕。

原来，在招聘过程中，人事部的经理让每个应聘者讲一则生活或工作中失败的故事。单婕讲了这样一则故事：

单婕曾就职于一家只有20多人的乡镇企业，她的工作也是文秘工作。这家企业的老板有一个习惯，就是每个星期一早上要例行向员工讲一次话。

有一次，原来起草讲话稿的秘书生病了，写稿的任务就交给了单婕。单婕按照老板交代的思路很认真地写了，而且在星期一早上准时把发言稿交到了老板的手上。可谁知，老板念讲稿时，读错了几个字，引起哄堂大笑。老板很生气，便把单婕辞退了。

被老板辞退后，单婕在想：老板为什么会念错字呢？是不是我把字打错了？于是单婕就向其他人打听缘由。原来，老板只有小学文化程度。为此，单婕很是自责——要是在那些难认的字旁注上同音字就好了。单婕说，她不怪老板辞退了她，只怪自己的工作主动性不够，对老板的基本情况不了解，这是做文秘工作的大忌。

人事部经理听了单婕的讲述后，内心为之一震。他认为一个二十几岁的女孩，在失败面前不是一蹶不振，怨天尤人，而是努力去找出原因，从失败中寻找经验教训，这样的人潜力无限，于是，他便决定雇用单婕。

以上这个事例中，单婕的成功应聘就在于她善于总结工作中的得失，避免今后再犯类似的错误。因此，在日常工作中，我们也应该像单婕那样，善于作工作总结，培养用心做事的态度。用心，是一种积极、主动的工作态度，更是一种责任，一种执着追求的优秀品格。有了这种态度，我们才能在做事中保持强烈的上进心，养成不断总结经验教训的习惯。

那么，蘑菇族如何才能养成善于总结的好习惯呢？这需要我们做到以下几点：

第一，总结经验教训要有实事求是的态度。只有实事求是，才能总结出适合自己的经验和教训，才能给自己的成长带来强有力的生命力。

第二，总结经验教训要定位准确。任何一个人在成长过程中都不是一帆风顺的，因此，我们在总结工作的过程中，一定要做到准确定位，明白自己现在身在何处，向哪个方向发展，如何找到发展的动力等。只有这样，我们才不至于再犯错误。

第三，总结经验教训要有向他人学习的勇气。曾有人说：“智者是从自己的成败中总结经验教训，而上智者是从他人的成败中总结经验教训。”因此，我们还应借鉴他人的经验教训，结合自身的实际情况，以促进自己的快速成长。“他山之石，可以攻玉”，就是这个道理。

总之，善于总结是我们取得成功必不可少的环节。如果我们对自己的失败经历不反思、不总结，那么类似的失败必将会再现。一个不懂得总结的蘑菇族是永远不会转成“向日葵”的，因为他永远不会从自己失败的经历中汲取教训，而会一直重蹈覆辙或走很多弯路。这样的蘑菇族其事业必将停滞不前，也就无法做到积累和超越。

做好工作要分清轻重缓急

作为蘑菇族，我们每天都要面对众多繁杂的事情。有时候，我们忙了一整天，却发现自己好像什么都没有做好，效率极为低下。如果我们将手头上的工作按照轻重缓急进行分类，将重要、紧急的事情优先做好，那么，我们就找到了提升工作效率的最佳方法。

不知你是否注意到：很多人在工作中忙碌着看似微乎其微的事情，忙来忙去却发现自己并没有做多少实质性的工作，到头来还发现有不少重要的事情没有来得及去做。这是为什么呢？其实，这是没有将手头上的工作分清轻重缓急的缘故。

长期的工作经验告诉我们：工作中有许许多多的事情要做，如果我们能分清主次、先后，将会有助于我们更好地完成工作。而工作中不分轻重缓急，只能成为一个干活儿的工具，机械地工作。不考虑事情的轻重缓急，将导致本末倒置，将时间白白耗费在一些无关紧要的事情上，这样是很难成就伟大的事业的。你或许不能永远按照事情的轻重程度做事，但知道做事分清轻重缓急总比想到什么就做什么要好得多。

心理专家指出，如果我们懂得根据事情的轻重缓急，有效地安排工作，压力就会减轻甚至消失，我们就会更有效率地完成工作计划，并从中感受到快乐。

小孟刚刚参加工作，看着来之不易的工作，他暗暗下定决心，一定要在一年之内取得优异的成绩。但是，慢慢地，他的这份豪情壮志被现实生活中的事情磨平了。比如，周五晚上小孟迎来了他的周末，他给自己制订了一份计划，打算在次日去图书馆看书查资料，并在周一上班之前完成老板交代的一项任务。第二天早上，小孟洗漱完毕，正准备去图书馆，突然手机铃声响起。他的女朋友想让他陪着去逛商场。小孟心想：周末才刚刚开始，时间还多着呢。就这样逛了大半天，一直到下午才回到住处。

准备晚上看书的小孟，突然又接到了几个同学的电话。几个哥们儿在聚餐，邀小孟参加。小孟不好意思拒绝，只好舍命陪君子。直到深夜，小孟才拖着疲惫的身体回到家，而且醉醺醺的，不省人事。第二天，小孟一觉睡到了中午，而且精神还特别差。

就这样，重要的事情给落下了：图书馆没有去成，老板交代的任务也没有做。

你在平时是否也会遇到类似的情况呢？上述事例中的小孟没有将眼前的事情分清主次，没有按照工作的轻重缓急来做事，以至于把重要的事情放在了脑后。因此，凡事都应遵循轻重缓急的原则，重要性最高的事情应该优先处理，不应该和重要性最低的事情混为一谈。大多数重要目标无法达成的主要原因，就是因为我们把大多数时间都花在处理次要的事情上了。

“分清轻重缓急，设计优先顺序”，这是提高工作效率的精髓。我们要想提高工作效率，就要本着“要事第一”的原则，分清事情的轻重缓急。

根据事情的紧要程度和重要程度，我们可以简单地把事情分为四类，即既紧急又重要、紧急但不重要、重要但不紧急、既不重要也不紧急（见表 8－1）。

表 8-1 轻重缓急分类

	紧急	不紧急
重要	• 危急的问题 • 急迫的问题 • 有期限压力的计划	• 防患于未然 • 提高效率 • 规划与休闲
不重要	• 不速之客 • 某些电话或会议 • 某些信件和报告 • 必要而不重要的问题 • 受欢迎的娱乐活动	• 烦琐的工作 • 某些无关信件 • 某些无关电话 • 浪费时间的事情 • 与工作无关但有趣的活动

那么，在工作事务中，我们该如何分清轻重缓急呢？这需要我们注意以下几个方面：

第一，结合公司的目标，明确自己的目标。在工作中，我们应把自己的工作目标同公司的目标结合起来，明确公司的发展目标，站在全局的角度思考问题，这样可避免重复作业，减少失误。工作期间，凡是按照既定的目标布置的任务，又是势在必行的任务，都是重要、紧急的事情，我们都应该第一时间去做。

第二，把自己应做的及时、正确的事列入日程。要实现要事第一，我们就要把需要及时解决的、正确的事务列入日程。不管你要冲向哪个方向，从哪个地方下手，你都要确保自己正在解决的是及时、正确的问题，因为很有可能它并不是先前交给你的那个问题。

第三，学会说“不”。在我们的眼前，或许有许多不起眼儿的小事，在重要紧急的事情面前，我们应学会拒绝，不让额外的要求扰乱自己的工作进度。当然，在拒绝他人之前，我们必须考虑答应对方的要求是否会影响既有的工作进度，是否会因为我们的拖延而影响到其他人？如果答应了，我们又不能满足以上要求，我们就要学会拒绝。

第四，要学会过滤次要工作。在繁杂、琐碎的工作面前，我们应当学会有效过滤次要工作，让自己的注意力集中在最重要的工作上。在过滤次要工作时，我们可以首先把所有的事项列在一起，接着将可以不做的工作直接划去，这样至少可以过滤掉50%的工作。然后，再将可以晚些时候做的工作划去，剩下的就是我们必须及时解决的工作。

第五，使用“优先表”。在工作中，我们要善于发现决定工作效率的关键点，在第一时间解决排在第一位的问题。每个人都应有一个处理事情的优先表，列出自己一周之内亟须解决的一些问题，并且根据优先表排出相应的工作顺序，使自己的工作能稳步高效地进行。

总之，要想做好工作，我们就要学会分清轻重缓急。这样既可以提高工作效率，还能帮我们节省大量的时间。长此以往，我们就可以对最具价值的工作投入充分的时间了。

绝不拖延工作

拖延，是很多人在工作中的弊病。一名员工一旦养成拖延做事的恶习，就会给自己的工作带来非常不利的影响：工作中遇到的问题非但得不到解决，还会使其由小变大、由简变繁，解决问题的难度也越来越大。因此，我们绝不能拖延工作。

在小学时，我们都读过《寒号鸟》的故事。这个故事告诉我们：今日事今日毕，不能把今天的工作拖延下去，否则将会对自己的职业发展产生不利的影响。我们如果养成了拖延的习惯，它就会侵蚀我们的意志，消耗我们的能量，阻碍我们潜能的发挥。长期下去，我们就会形成这样一个恶性循环：“拖延—低效能 + 情绪困扰—拖延。”最后，我们会常常苦恼、自责、悔恨，但又无力自拔，结果一事无成。

在职场中，拖延工作的例子屡见不鲜，下面就是几个有代表性的例子。

刘宁，23 岁，某 IT 公司职员。

由于刘宁平时在学校里养成了拖延的习惯，导致他拖延工作的毛病十分严重。在工作中，他往往会先看网络小说，浏览新闻网页，再玩玩游戏，直到最后才不得不开始工作。

常延，22 岁，某广告公司文案策划员。

常延大学毕业开始工作后，几乎每天都比同事晚走两个小时，但年终却没有得到领导的认同和赞扬。后来还屡屡因为未能按时完成任务而被领导批评。

张华，25 岁，某报社编辑。

张华初入职场，为了表现自己，他在领导面前争取了很多任务，但到真正实施的时候，却一再拖延，今天上午看一场体育比赛，明天下午又逛半天论坛。这最终导致了他不能按时完成任务，出风头未遂反而挨了上级的批评。

可见，一般新入职的蘑菇族往往都会有拖延工作的恶习，如果我们不从中提醒自己、告诫自己，我们还会沿着拖延的习惯继续下去，这最终会使我们一事无成。

拖延工作很有可能造成工作的累积，不仅影响工作进度和效率，长此以往还会使人形成懒散、消极的性格，进而影响到个人的发展。遗憾的是，患有“拖延症”的职场人虽然能很清楚地认识到自己的问题所在，却又总是在自责和自我麻痹中挣扎。

那么，蘑菇族如何才能克服拖延工作的恶习呢？我们不妨试试以下几种方法：

第一，合理安排工作任务和时间。在工作中，我们要做到“今日事今日毕”，把重要的工作进行合理分解，从而有效地减轻工作的压力，然后慢慢地“分而治之”。对于那些可有可无的工作，我们可以将它们取消掉，以免耽误我们的宝贵时间。

第二，向上级、同事作出保证。必要时，我们可以向上级或其他同事作出完成工作的保证，别人的监督有时会成为按时完成工作的动力。

第三，给予自己适当的压力。适当的压力能帮助我们更好地解决问题。善用我们的自尊心，是给予压力的很好方式。我们是一个什么样的人，首先要证明给自己看，才能证明给别人看。我们可以为自己设定时间表及期限，要求自己提前完成工作，同时还要不断提醒自己必须严守承诺及纪律，享受提前完成工作的成就感。

在这方面，“反向时间表”是帮助我们克服拖延恶习的最佳工具。“反向时间表”，即从项目截止日开始倒过来安排要做的事，为每项任务安排截止日期（见表8－2）。

表8－2　反向时间表

时间	完成情况
月　　日	接到工作任务，进行统筹规划，做出计划表，计划于_______月_______日完成。第一天工作要完成_______达到总任务的_______%
月　　日	完成_______达到总任务的_______%
月　　日	完成_______达到总任务的_______%
月　　日	完成_______达到总任务的_______%
月　　日	完成_______最终完成任务

第四，养成立即行动的好习惯。立即行动是克服拖延恶习的好方法。在工作中，我们应该时刻谨记“立即行动”的要旨。否则，工作堆积起来会给你造成更大的压力。

第五，拒绝懒惰。懒惰是拖延的“温床”，很多有天赋的人都毁在了懒惰上。拖延是懒惰的一种具体表现形式，懒惰的人总是想方设法拖延。所以，一定要拒绝懒惰。

第六，提高自律性。一般而言，员工的自律性越高，越不容易养成办事拖延的习惯，其工作效率也就越高。相反，员工的自律性越低，越容易养成办事拖延的恶习，其工作效率也就越低。可见，自律性是根除拖延陋习的关键，也是提高工作效率的前提。

总之，拖延工作能使我们所有的美好理想变成真正的幻想，拖延会使我们丢失“今天”而永远生活在“明天”的等待之中，拖延的恶性循环还会使我们养成懒惰的习性、犹豫矛盾的心态。谁养成了拖延工作的恶习，谁就会成为一个只知抱怨叹息的落伍者和失败者。

用心做好手头的工作

“世上无难事，只怕有心人”，一个能够在工作中用心的人，必定是一个善于发现问题、善于解决问题、善于促进自己成长的人。用心做好工作中的每件事，是每个职员都应该具备的职业道德，也是我们取得优异工作业绩、引起老板重视的良策。

在工作中，用心工作的人和不用心工作的人差别非常明显，他们所做出的工作业绩的差别也是十分明显的。为了在工作中能够取得令人瞩目的成绩，对待工作，无论它有多么的艰难，只要我们善于思考，全力以赴、用心去做，我们定能化难为易。

一个人很成功，一定是他很用心，假如一个人还没有成功，那他一定还不够用心。用心工作，能为一个人既定的事业目标积累雄厚的实力，也能给公司和老板带来最大化的利益。所以，在每一家公司里，老板都比较青睐那些用心工作的员工。

李永欣毕业后进入了一家软件公司，做了一个技术接线员。

进入公司后，李永欣每天默默无闻地工作着，老板似乎也没有注意到她，她成了公司内名副其实的蘑菇族。但有一天，这个瘦小的女孩儿却引起了老板的注意。

有一天下午下班后，同事们陆陆续续都回家了，只有李永欣一人没有按时下班。老板禁不住问了一声："你怎么还不走啊?"

"刚刚一个客户打电话咨询"，李永欣说道，"我刚刚给他解释了一下，他说按照我的方法试验一下，半个小时后再打过来。"

"你为什么不告诉他半个小时后我们下班了，让他第二天再打过来呢?"老板接着问。

李永欣说道："我在这里不过只耽搁十几分钟的时间，如果没有我这十几分钟的时间，对面的客户就要再等十几个小时，或许会给他带来不必要的麻烦和损失。十几分钟对于我而言没什么，可是对于客户而言，或许具有至关重要的意义。"

老板被李永欣的回答打动了，随即向她投来满意的微笑。

第二天，老板叫来人事部负责人，让他将李永欣从"待辞退人员名单"中划去。原来公司近几个月来业绩不佳，要削减员工数量，李永欣正是其中之一。

以上事例中，李永欣在工作中的用心为她争取了一次机会，也为她在今后职场上的发展奠定了良好的基础。也许在我们看来，用心工作不算是一件什么大事，但我们要想成就大事，就必须在"用心工作"这样的小事中慢慢积累、用心积累。

其实，用心工作可以给我们带来一笔无穷的财富，只要我们坚持这样做，一定会受益匪浅。为什么这样说呢？这是因为：

第一，用心工作可以端正我们的工作态度。在现实生活中，人性中有很多弱点，比如容易满足、贪图享受、自轻自贱、回避困难、盲目乐观、懒散傲慢……如果我们用心对待手头上的每一件工作，我们就会慢慢地改正这些弱点，使我们对待工作的态度日益端正。

第二，用心工作可以促使我们善于思考。用心工作的员工在遇到问题时总会勤于思考、多动脑筋，这样的员工肯定比那些仅靠四肢工作的员工更有工作绩效。

第三，用心工作可以帮我们提高自己的职业水平。用心工作的人能及时发现自己的技术欠缺和知识匮乏，强烈的责任心会令他们努力学习，弥补欠缺，将工作做得更好、更完美。

第四，用心工作可以打好我们职业生涯的基础。单位的各种培训机会、发展机会都是垂青于那些用心工作的员工的。用心工作是一名员工发展和生存的基本条件，只有用心工作的员工，才有成就感，才能为自己的职业生涯打好基础。

第五，用心工作可以使我们得到老板的认可、同事的尊重和社会的承认，还可以帮我们寻求到不断发展、不断飞跃的人生机会，尽可能地实现人生的价值。

“用心工作”这四个字，直白平淡，简单得就像一杯白开水。常言道：“大音希声，大象无形”，越是平淡的语言，越是蕴含着深刻的道理。在这个就业困难、竞争激烈的时代，只有用心工作，我们才能牢牢守住在职场中的位置，并提升自己的职位。

亲爱的蘑菇族，用心做好手头的工作吧，更好的机会属于你！

加班不是亏，而是福

如今是一个竞争异常激烈的时代，我们不仅要和别人竞争，还要和自己竞争，每天多做一点儿工作，争取打破昨天的纪录，没有什么不好。8小时之外的工作不仅可以为你带来物质财富，还可以为你带来精神财富，使你成为一个比别人更加优秀的人。

加班，对很多职场人士来说是一个颇有争议的词汇。有人说，加班是工作效率低下的表现；有人说，加班是一种形式主义；还有人说，加班是老板对自己的一种残酷“剥削”。作为蘑菇族，我们该如何看待加班呢？其实，我们应该把加班看成自我成长的一种需要，加班不是亏，反是福。可是，除了那些工作狂外，大家都讨厌加班，为什么呢？就是因为加班时间不包含在正常的工作时间里，因此，他们往往不甘心，往往抱怨加班的可恶，发泄心中的不满。按理说，8 小时之外的时间，是属于私人时间。可是，吝惜私人时间的人，时间对他的馈赠也是吝啬的；不吝惜自己私人时间的人，时间对他的馈赠是慷慨的。

相信很多蘑菇族都会遇到公司要求加班的情况，也相信很多蘑菇族遇到这种情况时是怨天尤人、牢骚满腹。尽管如此，加班已不知不觉地成为我们生活的一部分！如今，没有人可以对它视而不见，无论我们抗拒也好，厌恶也罢，加班已经实实在在地成了我们生活的一部分。从一定程度上来说，加班虽然不是员工的义务，却已成为职场成功的潜规则。

加班看起来是一种吃亏的表现，但事物都是有两面性的，如果我们换一个角度来看待加班——通过加班来促进自我的成长，那么，我们便会从加班中得到别人没有的“福”了。

有一个年轻的小伙子叫马柯·戴勒，他在一家饲料厂当速记员。马柯的上司是一个工作懒散的人，总是把自己的工作交给部属去做。因此，马柯一直承担着两份工作的压力，拿着一份工作的薪水。起初，马柯很是气恼，但也无可奈何。后来，他渐渐地开始接受这种状况，因为他珍惜这个工作的机会，除了把上司交代的事情做好之外，他别无选择。

有时候，马柯安慰自己：“就当是免费地锻炼自己吧。当我干速记员的时候，我已经在行使一个经理的职能了。”

有一天，马柯的上司接到一项任务：为他们的老板艾默尔先生的欧洲之行整理一个简明的电报密码本。这只是一件再普通不过的事情，他转手就把这件事交给了马柯去办理。马柯很快就把这项任务完成了，几天后艾默尔先生拿到了这个电报密码本。它是用打字机打印出来的，用胶装订好后，马柯还特意给它加了一个结实漂亮的封皮。

“这大概不是你做的吧？”艾默尔先生拿着这个本子翻来覆去地看，

爱不释手。

“不是……”马柯的上司怎么也想不到老板会提这样一个问题。

“那么，它是谁做的呢？”

“是马柯·戴勒，我的速记员。”

“你叫他到我这里来。”

五分钟后，马柯同样莫名其妙地坐在了艾默尔先生的面前。

“年轻人，你怎么会想到把电报密码本做成这个样子呢？”艾默尔亲切地问道。

“我想这样不但好看，而且用起来会更方便些。”

“你什么时候做的呢？”

“我是晚上在家里做的。”

“是吗，非常感谢你，我太喜欢它了。”

几天后，马柯·戴勒便拥有了一张更大的办公桌。后来，他就代替了上司的位置。再后来，他成了这个饲料厂的厂长。

以上这个事例中，马柯·戴勒在平时的工作中不怕吃亏，把自己上司的工作无怨无悔地接下来，加班加点地工作。正是由于马柯的这种吃亏精神，他才有了晋升的机遇，也有了自我成长的条件。可见，加班并不是一件吃亏的事情，反而会给你带来“福分”。

身为蘑菇族，我们要想转变自己的“蘑菇”身份，就让自己学会吃亏吧，让加班促使自己成长是一项不错的选择。具体而言，我们应该做到以下几点：

第一，主动加班。主动加班能让我们得到更多的经验和学习机会。率先主动是一种极珍贵、极受老板看重的素养，是榜样员工必须具备的素质之一。它能督促你主动完成分内与分外的所有属于职场的事，这当然会使你从竞争中脱颖而出，也是使你引起上司、委托人或顾客的注意并赢得他们信赖的关键。要不然，企业有那么多雇员，老板凭什么就会重用你？

第二，加班不只是为了薪水。如果你只是为了拿加班费而加班，那么，你的精神必然不能集中于工作上，这势必会造成拖延敷衍，这种加班于公司于个人都毫无意义。

第三，不因好面子而加班。有一种人加班是因为好面子，看到其他同事在加班，自己就不好意思走，只好留在这里，但又无事可做。这也是毫无意义的，只是一种形式主义罢了。

第四，不想加班，就向8小时要效益。其实，加班的目的是提升自己的业务水平和工作效率。如果我们真的不想加班，我们就必须在8小时内让工作取得更高的效益。

总之，身为蘑菇族的我们，一定要记住这一点：优秀和成功往往产生在8小时之外。你要想快速成长，成为优秀而成功的职场人士，那么，就毫无怨言、义无反顾地加班吧！

苦练的金子溢光彩

有句歌词唱得好："不经历风雨，怎能见彩虹？"有句诗说得好："宝剑锋从磨砺出，梅花香自苦寒来。"要想化茧成蝶，蜕变时的阵痛是必须要经历的。对于成功而言，吃苦是一剂灵丹妙药。只有比别人肯吃苦，你方能被重视，成为优秀的职场人士。

俗话说："吃得苦中苦，方为人上人。"自古以来，吃苦精神就一直为人们所提倡。可是，"不能吃苦"却是如今很多人对蘑菇族的共识。都说"苦练的金子溢光彩"，在竞争日益激烈的职场中，我们应该提前做好吃苦的准备，让自己在众多挑战中以坚忍的毅力、勇敢的力量战胜困难，只有这样，我们才能成为职场上历经苦练的溢彩黄金。

吃苦并不是一件坏事儿！一个人能成多大的事，就看他能吃多大的苦。尽管如此，可是很多蘑菇族在工作中吃了一点儿苦头便会牢骚满腹、叫苦连天：工作环境不好，不够舒适；加班太频繁，工作压力大；工作任务太重，承受不了……这样的员工能被老板委以重任吗？

当然，也有一些蘑菇族选择了叫苦不如吃苦，生气不如争气。因为他们知道：吃苦是一个人最重要的资本，工作中的苦难是对自己的磨炼，是促使自己上进的动力。只有当我们停止抱怨、平息怒气，开始勇于吃苦、勇于争气的时候，成功才会离我们越来越近。

乔治·史蒂芬逊是世界闻名的火车发明家，他出身于清苦的家庭，双亲都是矿工。由于家境贫寒，史蒂芬逊10多岁便在矿场上班；18岁时，才有机会上学；毕业后，又到矿场当技工。生活的磨难练就了史蒂芬逊吃苦耐劳、顽强拼搏的精神。

由于从小目睹矿工工作的艰辛与危险，史蒂芬逊决定为矿工解决工作的难题。史蒂芬逊首先发明了巧妙的矿坑安全灯，解决了采矿中的照明问题，减少了意外事故的发生。之后，史蒂芬逊看到矿井底下运煤困难，就又致力于火车的研究，希望缓解矿井工人运煤的辛劳。在当时想研究火车，需要很大的经费投入，史蒂芬逊虽然每天过着清苦的生活，但追求成功的意志鼓舞着他克服种种困难，最终获得了别人难以想到的成功。

以上事例中，乔治·史蒂芬逊的成功显然是与他“肯吃苦、能吃苦”的精神分不开的。可见，只有懂得吃苦耐劳，我们才能在生活的磨炼中茁壮成长。

日本的“经营之神”松下幸之助也是一名能吃苦的成功人士。他曾说：“只埋怨工作辛苦，是不会出人头地的。没有辛勤体验，哪有成果？”正是靠着这种吃苦精神，他才闯出一番大事业的。环顾职场，那些能吃苦的人，很少有不成功的。这是因为他们吃惯了苦头，便不再把吃苦当成苦，能泰然处之，遇到挫折也能积极进取。怕吃苦，不但难以养成积极进取的精神，反而会使一个人对困难挫折采取逃避的态度，这样的人当然也就很难成功了。

肯吃苦是一名蘑菇职员成功的法宝，也是每一个渴望被重视的蘑菇族应该具备的基本素质。当你通过苦干，让自己的能力提高到一定程度时，自然会有各种机会垂青于你。

那么，蘑菇族如何才能培养自己的吃苦精神呢？这需要我们努力做到以下几点：

第一，要养成肯吃苦的习惯。每个人都会面临困境，也都有事业上的低谷。因此，我们不能自暴自弃，而要养成一种吃苦的习惯。一个员工如果没有苦干的决心，就不会创造出骄人的业绩，就无法赢得领导的青睐，就不会拥有灿烂的明天。

第二，吃苦不要靠他人的庇护。在父辈或他人的庇护下，我们是养不成吃苦的精神的。只有靠自己的实力，我们才能养成一种吃苦的习惯。

有人问一位著名的艺术家，跟从他习画的那个青年人将来会不会成为一个大画家？他回答说："不，永远不会！他没有生存的苦恼，他每年都会从家里得到好几万元资助。"

这位艺术家深知，人的本领是从艰苦奋斗中锻炼出来的，而在财富的蜜罐中，这种精神很难发挥出来。

第三，吃苦需要技巧。肯吃苦是好的，但也不能盲目吃苦。能吃苦再加上多思考，积极地面对生活和工作，积极地把握每个工作机会，每个员工都是可以成功的。

随机应变，为领导解决困难

在职场中，我们的上司有时会遇到困难。如果我们能在恰当的时机随机应变，利用“润物细无声”的手段帮上司解决临时遇到的困难，那么，“投桃报李”之事便会水到渠成。

在工作中，每个人都可能会遇到困难，我们的上司也不例外。当上司遇到困难时，我们该不该帮其解决呢？应该怎样帮呢？相信不同的蘑菇族有不同的想法和做法。

有人会说，上司遇到困难时，我们固然要去帮忙，但唯恐自己非但不能帮上司解决问题，反而使上司对我们有一些不好的看法：诸如是不是挑战他的权威，是不是在看他的笑话，等等。的确，在现代职场中，有很多上司心胸狭隘，容不得下属的业绩高于自己，也不喜欢下属对自己的想法提出不同看法，认为下属给自己提建议就是说三道四，就是蔑视自己的权威，就是想取而代之。但不管怎样，如果我们采取诚恳的态度，积极主动地为上司献言献策，上司都是喜欢的。只要你注意自己提建议的时间、地点和方式，你的上司一定会欣然接受。

有一家企业新招聘了一批刚毕业的大学生。人事部吴经理在这些大学生参加工作的第一天进行培训，在培训前，吴经理拿着花名册进行点名。在点到“黄晔”时，误读成了“黄哗”，下面很多人偷偷发笑，还有人窃窃私语。

这时，有一个人怯生生地站出来说：“吴经理，我叫‘黄晔’，不叫‘黄哗’”。这时下面有些人笑得更厉害了，吴经理的脸色也变得十分难看了。

就在此时，小刘站起来说："对不起，吴经理，是我在打印名单时，不小心把字打错了。"吴经理这时说："这怎么行呢？以后在工作中你要注意了。"吴经理虽然批评了小刘，但却向他投去了满意的目光。不久，小刘就被提升为工作小组的领班。

以上这个事例中，小刘之所以能够在蘑菇族中以最快的速度脱颖而出，就是因为他懂得在恰当的时候随机应变，为自己的上司解决临时的问题。

当然，我们为自己的上司解决临时的困难时还需要掌握一定的技巧，做到既不能扫了上司的颜面，又可以为上司有效地解决问题。

有人说，在为上司解决问题时，说得形象点儿，就像一个三明治，上下两层应夹着中间的肉。这就像提意见时，开头和结尾要尽量说比较客气的话，而客气话中间就是你要提的意见，一般来说，在给上司提建议之前，无论从礼貌上还是策略上，都应先说几句好听的话，这既表示了自己的诚意，又能制造出轻松愉快的氛围。

具体而言，蘑菇族可以按照以下几点去做：

第一，承担上司不愿承担的事情。工作中，上司慢慢会有自己不想做的事情，比如说，领导愿意做"大事"，而不愿做"小事"；领导愿意"立功"，而不愿"受过"；领导愿意做"好人"，而不愿做"坏人"。此时，身为下属的我们就要主动承担上司不愿承担的事情。

第二，为临时被绊住的上司伸出援手。我们的上司虽然大权在握，但有时也常常被琐事缠绕。遇到这样的事情时，我们就要依据当时的情况，随机应变，向临时被绊住的上司伸出援手，帮其承担这些繁杂之事，助其摆脱后顾之忧。

第三，肯替上司"背黑锅"。肯替上司"背黑锅"，不仅可以解决上司遇到的尴尬，而且还能使我们赢得上司的重视。但是，需要我们注意的是，我们为上司"背黑锅"是不是恰当的，如果自己成了别人的牺牲品，就不划算了。

第四，莫使自己得意忘形。一旦自己成功地为上司解决了困难，上司便会对自己更加器重。这时我们应该注意的是，切莫得意忘形。我们不能因此而居功自傲，常常把功劳挂在嘴边，也不能僭越职权行事，否则，我们将会为自己的行为付出沉重的代价。

和老板的距离——若即若离

现实职场中，和老板的距离是一个敏感的话题。如果为了自己能够早日走出“蘑菇”地带，故意与老板走得太近，就很容易引发众多是非，也很可能在一定程度上侵犯老板的威严。因此，为了自己在职场中的顺利发展，我们要与老板保持若即若离的距离。

由于蘑菇族刚刚加入职场的行列，涉世不深，因此，我们有时很难把握好和老板之间的距离。你能把握好自己和上司之间的距离吗？在“与老板之间的距离”这个问题上，很多职场中人都非常清楚：应该保持一个恰当的距离——若即若离。

有一个关于“职员与老板关系”的专项调查中显示：47.7%的受访者与上司关系一般；与上司界限分明，敬而远之的为36.7%；和上司保持亲密无间的人只占到4.8%；还有10.8%的人对上司采取的是“两面政策”，表面上与他亲近，可背地里时常抱怨他的种种不是。从这个调查我们就可以知道，要想和自己的老板保持良好的关系，最好还是要保持一定的距离。否则，模糊了你和老板的差别和距离，最终吃亏的还是你自己。

胡杰是一家公司的财务经理，在工作中一直勤勤恳恳。胡杰和自己的老板岳成伟非常要好，在工作中亲密无间，在休息时间也经常在一起看足球，有球赛的时候就会相约一起去看球。他们俩还互相给对方起绰号，胡杰叫“臭脚”，岳成伟叫“黄油手”。

办公室是一个徒惹是非的地方，胡杰和岳成伟亲密的关系慢慢地招致了别人的非议。特别是大老板找岳成伟谈了一次话以后，作为上司的他也就在这件事上留了心。之后，胡杰一邀他看球，他就借故推托，但是粗心的胡杰却一直没有发现岳成伟心理的微妙变化。

有一天，胡杰看到晚上有球赛，就迫不及待地去找岳成伟。恰巧岳成伟正在办公室内接待一位客户，胡杰没敲门就直接进来冲着他嚷道：“‘黄油手’，今天曼联首战，酒吧我都订好位子了，一起吧。”岳成伟的脸色立即很不自然，冷冷地说：“你先出去。”胡杰愣了一下，这才发现在那张宽大的黑色沙发里，坐着一个穿黑风衣的瘦小的老者。那天的酒吧之约岳成伟自然没有赴约。之后不久，胡杰便被调到市场部做统计，算是被变相地降了职。

以上事例中，胡杰的降职与他没有把握好与自己老板的距离有密切的关系。在工作中，如果我们和老板走得太近，就会使他感觉到自己的权威受到侵犯，这样亲密关系就不会长久。因此，在职场中和老板相处时，我们要慎之又慎，注意把握“适当的距离”。

既不能和老板过于亲密，但是又要和老板保持和谐的关系，那么，蘑菇族到底应该怎样把握这个“度”呢？这就需要我们做到以下几点：

第一，不要与老板称兄道弟，忘乎所以。现在许多老板为了笼络人心，调动下属的积极性，经常会与下属一起娱乐，或打球，或下棋，或游泳，等等。在这种情况下，我们不要觉得自己真的就成了老板的好兄弟，没有了上下级之别。我们应该时刻提醒自己，老板毕竟是老板，就像皇帝和大臣关系再好，他也是皇帝，也容不得别人总是和自己称兄道弟。

第二，注意和老板接触的时间和频率。如果因为工作需要，我们可以去老板的办公室汇报工作，或者请示问题，但最好速战速决。如果去老板办公室的时间过长，就会让人觉得两人的关系过于亲密。所以，我们应尽量减少与老板单独在一起的时间，避免和老板有非工作性质和非礼节性质的接触，和老板保持适当的接触频率，为自己减少不必要的麻烦。

第三，不要轻易表露自己与老板的亲密关系。有时，老板为了培养自己的心腹，有些员工对老板的工作成就也很钦佩，从而形成了较好的上下级关系。但是，我们不能因此就轻易向他人表露自己与老板的亲密关系，尤其是在公共场合。如果与老板在工作中建立了亲密关系，那么，我们一定要珍惜它，不要轻易曝光，否则，这种亲密关系很快就会化为泡影。

第四，避免与老板经常开玩笑。在职场上，在适宜的时间和地点，跟老板开个并不过分的玩笑倒也无妨，但经常跟老板开玩笑，就会产生不良的后果。经常和自己的老板开玩笑，如果把握不好，很容易过火。一来是容易让人误会自己和老板的关系过于亲密，甚至不正常。二来是没准儿哪句话说得不对了，引起老板的反感。这两点都是要不得的。

第五，一定不能和异性老板有暧昧关系。我们与异性老板相处时，一定要讲究分寸与礼仪。或许你们之间并不存在暧昧关系，但是如果过分亲密，就容易使对方产生误会，给旁人留下话柄，同时也会给自己的工作带来阻碍，给自己的人际交往带来麻烦。

第六，避免向老板谈及个人隐私。办公室是工作的场合，因此，在办公室里，我们应尽量避免向老板谈及个人隐私，否则会对你的职业发展产生不利的影响。

有效沟通，让老板发现你

身为蘑菇族的职员们，常常埋没于繁杂的事务之中。在工作中，虽然我们勤勤恳恳，可是，到头来晋升还是与我们无缘。探其缘由，我们就会发现，自己一味地埋头苦干，却忘了积极主动地与老板沟通，以致老板在百忙之中没有发现你。

在人才辈出的现代职场中，“默默耕耘”早已不合时宜。虽然你对工作兢兢业业、尽心尽力，但你不主动与老板进行有效沟通，你正确的工作态度和工作效果，充其量也只能让你维持现有的状况。因为老板花钱雇用你，他想了解你每天的工作情况，以确定他发给你的薪水是否值得。如果沟通不好，老板甚至都不知道你每天在干什么，他就很有理由认为你在偷懒。

因此，如果你想真正地有所提高，必须转变一下自己的职业心态，主动与老板沟通，让老板了解你的实际工作情况，让老板发现你的可贵、可用之处。

就职于一家IT公司的孟志民毕业于一所不起眼儿的高校，而在公司百多号人里有不少资深人士，可谓人才济济，他在这里没有特殊的优势。

但是，由于工作来之不易，孟志民对自己要求非常严格，不仅能像其他同事那样把老板交代的任务按时保质地完成，还喜欢琢磨本职工作之外的事儿。有一天下班时，老板正准备离开公司，发现孟志民还在，就随便打了声招呼，孟志民便和老板聊了起来。话没说几分钟就转到了工作的话题上，孟志民把自己工作以来的所作所想、软件开发设计、目前自己工作的想法和规划等都一股脑儿地告诉了老板，自然，老板对这样有想法的职员非常满意。

从此，孟志民引起了老板的关注，老板主动找孟志民聊工作以外的话题。虽说下属中不乏人才，可在做完自己的工作之余还这么关心公司发展的却很少见。渐渐地，老板对孟志民就另眼相看了，觉得他会是一个得力助手，于是便任命他做了自己的助理。

以上事例中，孟志民主动与老板沟通，让老板明白自己不仅能做好本职工作，还可以接受更多更重要的工作，因此，他才得到了老板的重视和提拔。可见，积极主动地与老板进行有效沟通，让老板发现自己，是蘑菇族赢得重视和重用的有效途径。

懂得主动与老板沟通的员工，总能借沟通的渠道，更快更好地领会老板的意图，把自己的好主意、好建议潜移默化地变成老板的新思想，并把工作做得近乎完美，所以，他们深得老板的欢心和重视。如果每个蘑菇族都能这样，那么，何愁自己不被重视呢？

有效沟通很重要，但方法更重要。这就需要我们注意与老板沟通的方式和技巧，否则，就会造成适得其反的后果。一般而言，老板主要欣赏以下几种沟通方式：

第一，为沟通做充足的准备。每一次主动沟通时，我们都应有个明确的计划，知道自己要表达什么，要达到什么目的，从而让沟通更加有效。我们还要扩大自己的知识面，充分补充自己的不足，以应对老板的问答，并更准确地完善自己的表达。

第二，在沟通中语言要简练。老板一般都事务繁忙，在工作中讲求效率，因此，我们在与老板沟通的过程中要简明扼要，切忌长篇大论，词不达意。用简洁的语言、简洁的行为来与老板形成某种形式的短暂交流，往往能达到事半功倍的良好效果。

第三，在沟通中要做到不卑不亢。在与老板沟通时，很多人都会对自己没有太大的信心，生怕出现一丝纰漏。其实，我们在与老板沟通时，大可不必如此。在沟通中，“不卑不亢”这四个字是最能折服老板的。我们若在言谈举止之间，都表现出不卑不亢的样子，从容对答，那么，老板就会认为我们有大将风度，是个可造之才。

第四，在沟通中不能为了抬高自己而贬低他人。在主动与老板沟通时，我们千万不要为标榜自己而刻意贬低别人甚至老板。如果我们采取抬高自己、贬低他人的做法，那么，老板就可能对我们表现出不屑和轻视，同时，这种做法还会给自己带来不利的影响。因此，我们一定要牢记一条原则，那就是所说的话对“事”不对“人”——不要一味地指责对方做得如何不好，而要分析对方所做的事情有哪些不足，这样，老板才会对你投来赏识的目光。

总之，常常与老板进行有效沟通，向他汇报你工作的进度，让他了解你的优势和才能，你慢慢就会受到老板的器重，你也会得到意想不到的收获。

多和同事沟通，让别人了解你

在当今职场上，单枪匹马的个人英雄主义已不适应社会的发展，一个公司的发展实力在很大程度上是由整个公司团队的凝聚力决定的。因此，我们要想提升自己的发展平台，就要融入公司团队，与同事多多沟通，这将有利于加快我们融入团队的速度。

沟通，是工作的需要，也是人际交往的需要。当今社会，是一个需要沟通的社会，事事都离不开有效沟通。多和同事沟通，善于和同事沟通，是我们在职场上一定要具备的一种能力。如果我们在工作中不懂得主动与同事进行沟通，我们则会被他人视为“异类”，将不能很好地融入到这个团队中去，我们的职业发展将深受其不利影响。反之，如果我们重视与同事沟通，多和同事沟通，让别人了解自己，那么，我们就会发现，自己原来也是颇受他人欢迎的。

因此，蘑菇族想要取得成功，除了努力培养自己的工作能力外，还应培养自己的沟通能力，因为出色的沟通能力是获得他人认可、尽快融入团队的关键因素。

杨筠大学毕业后进入了一家建筑设计事务所，因为建筑设计是她的最爱，所以，她在工作中一直兢兢业业，工作业绩也相当不错。但是，一年下来，和自己一起进入单位的同事陆续得到晋升，而自己还在原地踏步，她百思不得其解。

一天，杨筠终于按捺不住心中的疑惑，走进了老板的办公室。老板意味深长地说："我们考察一个人的能力，不仅要考察他的工作业绩，还要考察他的沟通能力。如果不能和整个团队融合在一起，也是不能胜任中层干部的。"杨筠这才明白：原来自己很少与同事沟通。

在杨筠的单位，大部分同事都是男性，中午吃饭时的短暂休息时间，同事们往往会聚集在一起谈天说地。男同事们喜欢谈论的话题无非集中在体育、股票上。不过，有时他们即使不懂时装的流行趋势，也不妨碍他们与女同事的交流。

看到这种情况，杨筠开始刻意在体育等方面有所关注，然后借着合适的机会与同事们交流看法，甚至还和男同事们一起去看球。除了与同事谈论业余话题之外，杨筠还和同事们多交流工作上遇到的问题，久而久之，她渐渐融入了这个团队。

在新一次的人事调整中，杨筠理所当然地走出了"蘑菇"地带。

以上这个事例中，杨筠的成功证明了多和同事进行沟通的重要性。因此，在职场上，要想建立良好的人缘，并且通过好人缘来促进事业，就一定要懂得与同事沟通。

沟通是一门学问、一门艺术，良好的沟通技巧能让自己与对方产生很好的共鸣，让自己得到想要的信息，增进双方的了解，让双方在心情舒畅中达成共识。但在沟通中，我们应该注意一点，沟通不是简单的对话，在沟通中，如果双方没有共鸣，你说你的，我说我的，其结果必然是不欢而散。因此，和同事沟通还需要注意一些问题，以防事与愿违。

第一，沟通时不可涉及别人的隐私。要想保持同事间的良好关系，就不要随便涉及他人的隐私。例如，“得了多少奖金?”“是不是被恋人拒绝了?”说话时这类问题最好不要提及，即便是单位里只有一人在场，也会让对方非常难堪。虽然，两个人谈一谈个人生活方面的心里话，会增加双方的亲密感，但是，有些隐私在公司里说出来，就很容易形成谣传。

第二，产生矛盾时要宽容，主动道歉。在一起工作时，我们和他人难免会有矛盾发生。如果不能马上解决，时间一长就会积累更多的矛盾。因此，如果是我们不小心有了过失，对他人造成了伤害，那么，我们就应向他人致以诚恳的歉意。承认错误是沟通的消毒剂，可解冻、消除沟通的问题。如果他人误解了我们，我们也要宽容，使问题得到妥善解决。

第三，不要带着情绪沟通，更不要带着情绪作决定。人在有情绪的时候，心情往往很烦躁、很低落。此时，我们很容易因冲动而失去理性。情绪中的沟通常常无好话，既厘不清，也讲不明。如果在情绪中作出冲动性的决定，很容易让事情不可挽回，令人后悔。

第四，不要炫耀自己。每个人都有自己独有的优势，如果你在工作中某些方面略胜一筹，切忌在公共场合炫耀自己。即使自己再有炫耀的资本，在职场生涯中也应小心谨慎，因为强中自有强中手，倘若哪天来了个更加能干的员工，那自己一定会立刻成为别人的笑料。

第五，不要在办公室诉苦。很多人在与他人交往的过程中，往往会因感觉自己与他人的距离拉近了许多，就会向他人大倒苦水，自己的感情问题、家庭问题、成长经历等都成了诉苦的话题。办公室毕竟是工作的地方，如果长期下去，不仅对他人的工作产生不利影响，而且还会让自己的隐私公之于众。心理学家调查研究后发现，事实上只有1%的人能够严守秘密。一旦你的心事成为大家注目的焦点，你就很难给大家留下一个好印象了。

认准目标，坚持下来

成功，往往是在我们经过一番努力之后，坚持、坚持、再坚持一下就能够达到的。因此，一旦确定了自己的职业目标，我们就应该“咬定目标不放松”，一如既往地走下去。这样，我们才能在自己的工作岗位上作出一番令人瞩目的成绩。

小时候，我们可能都听过挖井的故事。这个故事说的是：有一个人想挖一口井，他在一处挖了半天，觉得此处无水，便换了另一处接着挖。可是，挖着挖着他又觉得没有水，就又换了一处挖。就这样，挖井人始终没有挖出一口井来。这个小故事告诉我们，确定好自己的目标后就要坚持下去，只有不断地坚持才能取得成功。

生活如此，职场更是如此。由于对目标没有始终如一的态度，以至于功亏一篑，一辈子碌碌无为的人比比皆是。一个成功人士经常考虑的是他的目标以及怎样坚持这个目标。不成功的人则经常考虑他的问题，并把时间花在批评、抱怨和找借口上。没有目标的人和不能坚持目标的人注定永远要为有目标的人和能坚持目标的人打工。

因此，目标一旦确定，我们就要矢志不移、一往无前、奋斗不息、攻关不止，若心猿意马、朝三暮四，或遇到挫折就垂头丧气、偃旗息鼓，目标就只能化为镜中花水中月了。

20世纪50年代，有一位女游泳选手给自己设立了一个目标：她要成为世界上第一位横渡英吉利海峡的人。为此，她平日不断地加强练习，时刻为这一目标做着充分的准备。

慢慢地，到了女选手选定的日子。在众多媒体记者的注视下，她信心十足地跃入大海，开始了她的目标之旅。旅程刚开始时，天气非常好，女选手很愉快地向目标挺进。但是，随着越来越接近英国对岸，海上起了浓雾，而且越来越浓，几乎已到了伸手不见五指的程度。女选手处在茫茫大海中，完全失去了方向感，她不晓得到底还要多远才能上岸。

她越游越没有信心，越来越筋疲力尽。最后她终于宣布放弃了。

当救生艇将她救起时，她才发现只要再游100多米就到岸了。

众人都为她惋惜，毕竟距离成功就那么近了。她对着众多的媒体感叹道："如果我知道距离目标只剩100多米，我一定可以坚持到底，实现目标的。"

很显然，成功是留给能够坚持到最后的人的，任何确定目标后却不能坚持下来的人，都会与成功擦肩而过。以上事例中，女选手的失败虽然有客观因素，但是她没能坚持自己的目标却是最主要的失败因素。即使离目标只有百米之距，她还是一个失败者。如果她能为既定的目标再坚持一点点，那么，她就可以取得成功。

因此，蘑菇族一旦认准了自己的目标，就要坚持下来，为之不懈奋斗。当然，坚持自己认准的目标并不是一件容易的事，它还需要我们做到以下几点：

第一，踏踏实实地为目标奋斗。一旦设定了目标，我们就要为之努力。脚踏实地是我们工作的态度，也是我们能够实现目标的保证。脚踏实地不仅仅是为了一步步地前进，也是为了不断地实现目标，进一步设立目标。当然，踏实不代表盲目，踏实的人往往会有一个合理的职业生涯计划，并且，这个计划是根据自己的性格来决定的。

第二，只给自己一个目标。对于任何一件事情，不能同时设定两个不同的目标，否则两件事情都将无法达成。对于个人，也不能同时选择两种不同的价值观，否则，他的行为将陷于混乱。因此，我们在面临更多选择更多标准的时候要懂得取舍。

第三，要有坚韧不拔的意志。成败，往往取决于一个人是否具有坚持到底的意志。飞越这个阶段，我们距离成功的彼岸就更近了一步。

总的来说，我们要想成功，就得把自己认准的目标坚持下去。不能东一榔头、西一棒槌，也不能喜新厌旧、朝秦暮楚，而要善于摆脱干扰，长期坚持，不屈不挠地努力。

提升知名度，迈入领导层

在职场里，一个人的知名度是指这个人被别人知道、了解的程度，在单位影响的广度和深度，是评价其名气大小的客观尺度。一个人的知名度越高，在别人心中的地位就越高，晋升就越容易；反之，一个人的知名度越低，在别人心中的地位就越低，晋升就越难。

在我们身边，总有这样一些蘑菇职员，他们默默无闻，工作在单位的最底层，甚至当别人问及他们时，有些人根本就不知道他们的存在。试想，如果你是他们单位的上司或老板，你会提拔这样的员工吗？显然不会，因为他们根本没有知名度，当然就难以得到大家的认可。

还有不少蘑菇职员说，只要努力做好自己的本职工作，晋升就会不期而至。是这样吗？这像是非常不错的建议，其实不然。如果你积极上进、雄心勃勃，但你总是得不到关注，你的上司不了解你能力的大小和水平的高低，你的同事们也都不知道你各方面的情况。这样的话，提拔你当领导岂不是冒着很大的风险？相信没有一个上司会傻到这种程度。

大家都知道“名人效应”吧？为什么那么多企业喜欢找名人代言广告呢？就是因为他们的知名度高，很容易引人注意、扩大影响。比如，名人代言广告能够刺激消费，名人出席慈善活动能够带动社会关怀弱者，等等。职场中，如果你能不断提升自己的知名度，在单位内部扩大影响，引起周围人的关注，那么，你的“名气”就会得到提升，晋升的机会就会随之而来。

下面我们看看江枫是怎样通过提升自己的知名度而得以晋升的。

江枫是北京某广告公司的一位助理布景师。有一次，他所在的公司争取到了一大宗业务——为一家时尚运动鞋公司代理广告，从产品宣传到印制广告到赞助体育赛事，都属于该公司的业务范畴。江枫的工作就是邀请一群模特穿着新鞋试镜，并安排餐饮。当他听说那家运动鞋公司的一些高管也要参加这项广告代理活动时，他看到了机会。

很快，江枫就发现原定的拍摄计划存在若干缺陷：给模特拍全身，会使鞋子显得很小；观众席离舞台太远，难以看清鞋子；该种运动鞋是防水的，虽然说是有模特脚穿运动鞋踏进水坑的镜头，但那被安排在几天后，而且拍摄点是在另一个地方。江枫担心，这样的拍摄效果可能很难给客户留下深刻的印象。于是，他从当地一所大学的游泳队里请了几名男女运动员，并为他们定做了运动鞋。之后，他让人在摄影棚里搭建了一个半人高的平台，平台上安装了淋浴器，下面通过一些塑料水管，临时将水排到平台下的一个水桶中。

拍摄当天，高管们入场后被领到一大块红色幕布前坐定。随着耀眼的镁光灯亮起和音乐声响起，红色幕布缓缓落下，这群人在“淋浴”下舞动着，一块半透明的帘幕盖住了他们膝盖以上的部分，仿佛除了鞋子，他们什么都没有穿。然后，镜头拉近到整个平台上唯一的色彩：跳动的鞋子，一直推进到两名高管之间停住。“哇！”高管们齐声喝彩，“简直太棒了！这是谁的创意？”于是，江枫因此被提拔为这单业务的艺术总监。

上面这个事例告诉我们：要想获得晋升，你很有必要通过一定的方法提升自己的知名度。你要想让你的上司注意到你，你的表现必须比他预期得要好，而且要一以贯之，从而为你赢得好口碑打下基础。你不必完美无缺，也不必事事在行，但是，如果拿你和你的同事比较，大多数时候你要在各个方面表现得更好。这是你提升知名度的绝佳方法。

工作中，你也许能从自己不俗的表现中获得巨大的满足感，但若没有人知道你的能力，你永远都得不到提拔。可以说，提升知名度是你晋升的关键。

那么，作为一名员工，我们该如何提升自己的知名度呢？你不妨参考以下几点建议：

第一，制订一个有助于你上下沟通、左右逢源的交际计划。除了你的老板和你的顶头上司外，你还需要与其他人进行沟通，因为你的老板和上司只代表了一个小家庭，你只与他们交流是不够的。只要条件允许，你就要不失时机地让老板经常看到你的名字，让其他部门的人知道你的成就和存在。当然，你要做得得体才好。

第二，记录并整理履历。要想卓有成效地向别人推销自己，你必须随时记录并整理好自己的履历，千万不要忘记一些重要的细节。为此，你极有必要适时更新你的工作记录。假如你所在的团队或部门取得了一些成绩，你最好坐到电脑前，在不引起别人注意的情况下，把它们记录在案。除了记录下你的业绩外，还要写下你在此期间发挥的作用。这将为你日后撰写年度审查报告、个人内部履历、个人对外履历提供丰富的素材。这些报告都是要给重要人物阅读的，你应该不断地更新这些报告，以备能够随时投递。如果听说可能要设立一个相关部门时，你就赶紧把个人内部履历递交给决策者，防止他把招聘信息公布在内网上；即便不成，至少你也是跑在最前面的那个，决策者可能因此而不用再去考虑其他人选。

第三，借助各种社会性活动，比如文艺、体育活动、学术会、纪念会、庆祝典礼，等等。无论在哪个单位，体育健将、娱乐“明星”的知名度都是最高的；那些热衷于各项社会活动的人，知名度也比较高；那些在公司各种会议上积极发言、崭露头角的员工也能给人留下难忘的印象。因此，为了提高知名度，千万不要放过任何一个出头露面的机会。

第四，知名度的提高，最根本的办法是取得显著的成绩。成绩是提高知名度的最有效武器。尽管一个人默默无闻、众所未知，但他作出了大家公认的巨大的成绩，创造了无可怀疑的劳动成果时，那么，他的知名度也就大大提高了。

测一测 你离“向日葵”还有多远

大家都很熟悉职场向日葵吧？职场向日葵就是这么一群人：整天开开心心，积极向上；对工作充满热情，对职场上发生的事情也都能以乐观、上进的态度去看待；不抱怨、不逃避、不推卸。他们也更容易获得同事的注意、上司的认可，有着较多的表现空间和升职机会。这样的职员不仅能够使自己快乐地工作，还能促进自己在职场中快速发展。

说真的，其实，每一位蘑菇族心中都有一个愿望，那就是成为职场向日葵。可以说，这也是他们梦寐以求的事情。那么，你离“向日葵”还有多远呢？做一做下面这个简单的小测试你就知道了。请你根据自己目前的实际情况认真地作出选择。

1. 你给自己设定好职业目标了吗？

A. 已经做好　　B. 正在做　　C. 尚未做

2. 你对职场“向日葵”有清楚的认识吗？

A. 十分清楚　　B. 比较清楚　　C. 尚不清楚

3. 你清楚自己的优势和劣势吗？

A. 十分清楚　　B. 比较清楚　　C. 不清楚

4. 你能在工作中合理分配自己的时间吗？

A. 已分配好　　B. 正在做　　C. 尚未做

5. 你对自己工作中的大小事务进行分类整理了吗？

A. 已经做好　　B. 正在做　　C. 尚未做

6. 你能否在工作中尽快完成手头上的工作，而不拖延？

A. 完全可以　　B. 有时可以　　C. 还不行

7. 你是否善于总结自己在工作中的得失？

A. 完全可以　　B. 有时可以　　C. 还不行

8. 你能够在自己或他人的得失中提升自己吗？

A. 完全可以　　B. 有时可以　　C. 还不行

9. 你在平时的工作中是否经常主动加班呢？

A. 经常如此　　B. 有时如此　　C. 几乎没有

10. 你在加班的过程中有没有给自己制订一个成长计划呢？

A. 已经做好　　B. 正在做　　C. 尚未做

11. 你是否在工作中不怕吃苦？

A. 不怕　　B. 有时怕　　C. 我最怕吃苦

12. 你是否赞同吃苦也是为了自己成长？

A. 完全赞同　　B. 部分赞同　　C. 不赞同

13. 你喜欢和其他同事沟通吗？

A. 十分喜欢　　B. 比较喜欢　　C. 不喜欢

14. 你在和老板沟通时，会不会做到不卑不亢？

A. 完全可以　　B. 有时可以　　C. 还不行

15. 你在与老板交往的过程中，合理把握适当的距离了吗？

A. 完全可以　　B. 有时可以　　C. 还不行

16. 老板临时有困难，你是否会选择勇敢地帮助老板？

A. 完全可以　　B. 有时可以　　C. 还不行

17. 你是否能够顺利地融入公司团队？

A. 已经融入　　B. 正在融入　　C. 还不行

18. 你能否坚持自己既定的目标？

A. 一直坚持　　B. 有时坚持　　C. 难以坚持

19. 你能否有效地提升自己的知名度，为步入领导阶层做好准备？

A. 已经做好　　B. 正在做　　C. 尚未做

20. 你是否感到了自己的成长？

A. 感觉明显　　B. 有些明显　　C. 感觉原地不动

计分标准

选 A 得 5 分；选 B 得 4 分；选 C 得 2 分。

将每题所得之分相加，即得出你的总分。

自测结果

10 ~ 39 分：注意了！你还没有给自己制订一个合理的成长计划，你也没有做好成功转型的准备，你在工作中还需要认真反省自己，看看自己在哪些方面没有做好，你要谦虚地向他人学习，使自己在工作中有所发展、有所成长，否则，你将永远都是职场中的蘑菇族，看不到阳光，得不到长久的发展和壮大，甚至被淘汰出局。

40 ~ 79 分：努力吧！你已经做了不少的工作，你也较之以前有了不小的进步，但是，由于你在工作中有时候不能坚持下去，稍有松懈，以致改进效果不十分理想。因此，你还需要再进一步，为成为职场“向日葵”继续努力。

80 ~ 100 分：恭喜你！通过你的辛勤努力，你基本上已摘掉了“蘑菇族”的帽子，正在慢慢地向职场“向日葵”的身份转变。希望你再接再厉，早日取得事业上的辉煌。

参考文献

［1］白山．最新企业商务礼仪实用全书．北京工业大学出版社，2011年

［2］卞君君．比尔·盖茨管理日志．中信出版社，2009年

［3］常桦．礼仪就是资本．中国纺织出版社，2010年

［4］常桦．销售胜经．吉林出版集团有限责任公司，2011年

［5］陈建军．赢在创业：金融风暴下的个人创业．当代世界出版社，2009年

［6］邓琼芳．和老板玩心理战．时代文艺出版社，2010年

［7］丁华民．青少年成才宝典．吉林文史出版社，2010年

［8］杜君．教你游刃社交的26招．中国经济出版社，2009年

［9］凡禹主．成功人士99个做人细节．华中科技大学出版社，2009年

［10］凡禹．发现自我与设计自我．北京工业大学出版社，2010年

［11］方圆，张春晖．职场菜鸟上位秘籍．重庆出版社，2010年

［12］海平．会听不如会说．新世界出版社，2010年

［13］和仁，管家民．经理四书．西北大学出版社，2006年

［14］黄明涛．忠诚重于能力．中国华侨出版社，2010年

［15］黄胜．二十几岁必须知道的88条工作经验．北京工业大学出版社，2010年

［16］黄胜．知晓礼仪的女人更有魅力．天津科学技术出版社，2009年

［17］慧木．礼仪是女人的金资本．中国纺织出版社，2009年

［18］贾志芳．白领女性职业形象设计．中国经济出版社，2005 年

［19］李波．商务礼仪．中国纺织出版社，2006 年

［20］李嘉维．小事决定成败．中国社会科学出版社，2010 年

［21］李建科，张丽云．成功者想的和你不一样．哈尔滨出版社，2006 年

［22］李杰卿．这样说别人才会愿意听　这样做别人才会重视你．武汉出版社，2010 年

［23］李问渠．左手创新右手跟进．中国纺织出版社，2011 年

［24］李向峰．职场不败的 49 个细节．中国纺织出版社，2010 年

［25］李晓兵．中国式优秀员工教育读本．中国言实出版社，2011 年

［26］李晓兵．做一名积极主动工作的员工．中国言实出版社，2011 年

［27］李晓波，李洪波．大学生职业生涯规划与发展．化学工业出版社，2010 年

［28］廖以容．女性职场全攻略．中国言实出版社，2010 年

［29］刘红强．世界 500 强企业员工的 50 条生存法则．华夏出版社，2008 年

［30］刘加福．责任与人生：提升个人品质与人际和谐．中国纺织出版社，2009 年

［31］刘金伟，张艳华．大学生就业指导．北京师范大学出版社，2007 年

［32］刘进平．这样工作能脱颖而出．陕西旅游出版社，2006 年

［33］刘文明．冠军企业优秀员工标准．羊城晚报出版社，2006 年

［34］柳术军．左手显规则右手潜规则．石油工业出版社，2009 年

［35］龙吻．世界上最神奇的 30 个经典定律．朝华出版社，2009 年

［36］鲁迪．工作头几年决定你的一生．北京工业大学，2010 年

［37］路军．好好工作不抱怨．中国言实出版社，2010 年

［38］罗哲郁．激活你的“财富基因”：猎富时代．武汉大学出版社，

2010 年

［39］梅峥．让平凡人做不平凡事．郑州大学出版社，2008 年

［40］南风．二十几岁要懂得的办事技巧．华夏出版社，2010 年

［41］钱小漾．女人不可不知的办公室哲学．中国纺织出版社，2011 年

［42］邱庆苹．聪明女人说话办事的 108 个细节．天津科学技术出版社，2009 年

［43］上官中石．办公室的生存法则．石油工业出版社，2010 年

［44］舒庆．做好员工的艺术 2. 中国经济出版社，2010 年

［45］舒庆．最受企业欢迎的 12 种人．浙江人民出版社，2009 年

［46］曙光．升职要有心机．北京工业大学出版社，2009 年

［47］宿春礼．二十几岁要懂得的 99 条人生经验．北京工业大学出版社，2008 年

［48］孙海芳．社交礼仪中的心理学．机械工业出版社，2010 年

［49］汪建民，丁振宇．礼仪常识全知道．北京工业大学出版社，2010 年

［50］汪龙光，徐清照．受益终生的 101 条管理定律．中国经济出版社，2009 年

［51］汪中求，朱新月：零缺陷工作．新世界出版社，2011 年

［52］王光海．成功人士的 10 大资本．石油工业出版社，2011 年

［53］王国祥．小岗位大责任：感动世界的工作故事．中国纺织出版社，2010 年

［54］王珺之．抱怨不如改变．石油工业出版社，2010 年

［55］王珺之．好中层是这样炼成的．中国经济出版社，2010 年

［56］王平辉．社交礼仪规范与技巧．广西人民出版社，2008 年

［57］魏清素．年轻人必知的 160 个形象细节．华夏出版社，2009

［58］奚华．企业公司金牌员工培训手册．中国商业出版社，2007

［59］肖冉．从普通员工到“打工皇帝”的成功之道．机械工业出版

社，2009 年
[60] 辛海．团队为赢．中华工商联合出版社，2007 年
[61] 熊宁．让企业成功　让自己成长．新华出版社，2008 年
[62] 徐克茹．商务礼仪标准培训．中国纺织出版社，2010 年
[63] 杨邦勇．大学生职业发展与就业指导．同济大学出版社，2010 年
[64] 姚巧华．职场表现力．北京工业大学出版社，2010 年
[65] 叶晓．每天学点职场心理学．中国妇女出版社，2011 年
[66] 依楠．女人圣经：做一个既美丽又聪明的女人．地震出版社，2005 年
[67] 于跃龙．瞬间掌控交际主动权．中国纺织出版社，2011 年
[68] 俞慧霞．与公司一起进步．中国纺织出版社，2008 年
[69] 张保文，杨婧．世界上最神奇的 24 堂业绩课．石油工业出版社，2010 年
[70] 张莉．成功：从优秀员工做起．天津科学技术出版社，2009 年
[71] 张晓梅．晓梅说礼仪．中国青年出版社，2008 年
[72] 张晓萨．新员工手册．地震出版社，2005 年
[73] 张笑恒．30 岁前跟对人，30 岁后做对事．北京工业大学出版社，2010 年
[74] 张彦林．一生不能等的 10 件事．中国纺织出版社，2008 年
[75] 张艳红．人生大点拨：人生关键问题的智慧点拨．石油工业出版社，2007 年
[76] 张永生．二十几岁你该怎样度过．京华出版社，2009 年
[77] 赵爽．二十几岁女孩必知的 100 句人生金句．北京工业大学出版社，2009 年
[78] 赵小鹏．二十几岁必须知道的 86 条做人经验．北京工业大学出版社，2010 年
[79] 郑博文．你在为谁工作．石油工业出版社，2009 年

[80] 郑复生．优秀员工必修的25堂课．北京工业大学出版社，2009年

[81] 周传林．老板会留下谁？危机下的职场生存法则．中国经济出版社，2009年

[82] 周思敏．你的礼仪价值百万．中国纺织出版社，2009年

[83] 邹汉林．改变性格　改变命运．中国纺织出版社，2005年